JN137320

淡海文庫 64

石田 弘子 著

琵琶湖治水に命をかけた

藤本太郎兵衛三代

サンライズ出版

SUNRISE

まえがき

太郎兵衛さんとの出会いは、新旭町が昭和60年（1985）に迎える町制施行30周年記念事業として企画した『新旭町誌』の編纂に携わったのが発端でした。町内の資料収集に努めるうち、筆者の住む深溝に藤本太郎兵衛さんの三代の苦闘の歴史があることを知りました。

当時、滋賀県では琵琶湖に対する関心が日ごとに高まっていて、その焦点は水質汚濁と水位の低下でした。昭和59年8月、滋賀県の提唱によって「第一回世界湖沼環境会議」（第3回より名称が「世界湖沼会議」に変更）が大津市で開催され、武村正義知事が挨拶の中で、「琵琶湖治水の先覚者藤本太郎兵衛親子三代の苦闘」の歴史があることを話されました。当時、同会議は世界の研究者・住民・行政担当者が一堂に会して、それぞれの視点・立場から複雑な環境保全のあり方を検討するという新しい試みであった場で、太郎兵衛さんへの深い想いを世界に発信されたことは今も忘れることができません。

ところで太郎兵衛さん、親子三代、どんなことをされたかなど、ご存知のない方もおられると思います。平成15年3月に太郎兵衛さんの顕彰碑の説明板原稿を筆者が書きましたので、それを掲載します。

瀬田川さらえに命をかけた太郎兵衛親子三代

広大な琵琶湖は、太古の昔より瀬田川一本の排水路しかなく、琵琶湖周辺の村々はたびたび重なる水害に悩まされてきた。

江戸時代後期、深溝村（現滋賀県新旭町深溝）の庄屋藤本太郎兵衛は、琵琶湖治水の難問に命をかけ、湖辺農民の苦しみを救うべく立ち上がった。

一代目の太郎兵衛（直重）は、湖辺の村々に自普請（農民たちの出費による）川浚えを呼びかけ奔走、177ヵ村の取りまとめに尽力。その結果、天明4年（1784）瀬田川浚えが幕府から許可された。しかし工事は人夫の統制が取れず2年で中断となり、満足な結果が得られなかった。

二代目太郎兵衛（重勝）は、寛政3年（1791）委任状を持ち単身江戸へ、老中松平越中守定信に川浚えの許可を得るべく、打ち首覚悟で直訴したが取り上げられなかった。

三代目太郎兵衛（清勝）は、親の意思を継ぎ瀬田川下流の反対者の説得や、幕府への嘆願を続け、ようやく天保2年（1831）念願の許可が下り、初代から50年の長い歳月を要した「天保の御救大浚え」と呼ばれる大事業を成し遂げた。

この時の竣工届によると、大工27人、人夫延べ31万人、工事費等が7、654両（約2億5000万円※）とある。※説明板のママ

藤本太郎兵衛親子三代の業績を讃え、ここに区民らの手で顕彰の碑を建立した。

藤本太郎兵衛治水顕彰会

水害を防ぐには瀬田川に流れ込む土砂を浚えることにより、琵琶湖から下流へ水の流れを良くすることが最も効果策でした。そこで度々洪水により田畑への浸水に見舞われていた水場村（湖辺の低い土地）に住む農民達は幕府へ瀬田川浚えの嘆願を幾度となく繰り返していました。しかしそれには多くの障害が立ちはだかっており、また川浚えは自普請で行うという難問も抱えていました。

初代太郎兵衛の決意、そして子、孫がその意志を引き継ぎ、また同じく水害に悩まされていた農民達による瀬田川浚えの苦難の歴史を記すことにいたします。

目次

註　本文では工事費について金と銀の両方で書かれているため、1両＝銀60匁＝5万円として換算、明記した。

第一章　琵琶湖の洪水と深溝の農作業

琵琶湖の水をどう逃すのか

　琵琶湖に流れ込む川の数は、大小合わせて４００本以上ありますが、流れ出る川は瀬田川１本だけです。奈良や京に都があったはるか昔の事、その造営に琵琶湖周辺の山々から多くの木材が伐り出されました。社寺の建立、陶土の採掘、製鉄用の薪の切り出しなどによって山々は荒廃しました。

　木材が乱伐され、山の保水力が大きく低下した湖の周りの山々では雨が降るたびに土砂が川に流れ出します。たとえば大津市南部にある田上山系（通称湖南アルプス）を源流とする草津川の川床は江戸時代後期には周辺の土地よりも高くなり、天井川となりました。また大雨が降るたびに川の水はあふれ、堤防は決壊し、人家を押し流しました。また湖水の落ち口である瀬田川にも大量の土砂がたまり、

瀬田川からみた田上山

水の流れが悪くなり、琵琶湖は度々水位が上がったのです。その結果、湖辺の村々の田畑は水の底に沈み、浸水田となってしまうのでした。このような湖辺の浸水田をなくすには、瀬田川の川浚えをするか、川幅を広げるか、または別の湖水の落とし口をつくるしか方法がありませんでした。

近江の琵琶湖周辺の山々から樹木が伐り出されてきた理由には、良質な木材が豊富にあることとともに、都に近いという地理的な便利さが挙げられます。山で伐った木は河川を利用して琵琶湖に運び、琵琶湖からは瀬田川を下って京や奈良に届けることができたためです。

聖武天皇は天平15年（743）に甲賀の木を伐り出し、信楽の宮を造営した後、平城京に移り東大寺を創建しました。この時大仏造立の責任者であった行基はあいつぐ社寺の建築が、琵琶湖周辺の洪水を招いていることを早くから見抜いていたのでしょう。そして湖辺の村々の浸水被害を防ぐには、瀬田川の東岸に突き出た大日山を削って川幅を広げればよいと考えました。しかし、下流の氾濫を恐れて工事を断念しました。そこでむやみに山を削らないようにと、大日山に大日如来を祀ることによって、山を削ると祟りがあるとの言い伝えを残したといいます。

その後、平安末期に平清盛が息子の重盛に命じて運河掘削にかかりました。滋賀県塩津から福井県敦賀間25キロに運河を通し、湖水を日本海に流すというもので、これには洪水を防ぐとともに、北国の物資を船で京へ運ぶという目的もあったのです。しかし、福井県と滋賀県を隔てる深坂峠で岩盤に当たり、工事を断念しました。現在この峠近くに祀られている深坂地蔵はその時に掘り出されたとか、また後世の人にこの峠を切り開くことは叶わないとの戒めのため祀られたという言い伝えがあり、堀止（留）地蔵とも言われています。

その後敦賀から塩を運んできた人夫達が感謝の印に地蔵に塩を塗り

深坂地蔵

付けたという話もあります。但し、塩を塗られた地蔵様には迷惑なことで、現在は「塩を塗らないで」との張り紙がされています。

時代が下がって、安土桃山時代には豊臣秀吉が敦賀城主・大谷刑部吉継に命じた大浦～敦賀間の運河掘削計画も岩盤にはばまれ工事を中止しました。そこで大浦地区の人々はこのことを「太閤のけつわり堀」と呼んでいるそうです。

江戸時代に入ると慶長19年（1614）、南蛮貿易で巨万の富を築き高瀬川を開削、富士川や賀茂川の水運を開いた京都の豪商・角倉了以（すみのくらりょうい）が瀬田川と宇治川を掘削（くっさく）することを計画しました。岩盤を砕くことによって琵琶湖の水位が1尺下がれば、30万石の水田が生まれ、河内や摂津の水害も防げようと主張しましたが、実現することはありませんでした。このように奈良時代の昔から時の為政者はその惨状に苦慮し、諸策を幾度となく講じましたが、いずれも実現することはありませんでした。

深溝周辺の地形となりたち

深溝がある高島市新旭町は西部に洪積台地である饗庭野台地があります。明治の初めから陸軍演習場として使用され、現在も自衛隊の演習訓練に使用されています。また東部に一級河川・安曇川がつくった湖西第一の沖積平野が琵琶湖まで広がっています。深溝地先の外ヶ浜は、対岸の長浜から湖上を4里（約16キロ）隔てた真西にあたり、琵琶湖の東西の幅が一番広く、湖岸からの眺めはまるで海のようです。

明治から昭和初期には40数カ所の内湖が存在していた琵琶湖岸は良好な魚場でもありました。つまり、琵琶湖の水位が上昇すると内湖には水と共に魚が上がってきます。コイ、フナ、ナマズ、ドジョウなどにとって内湖は敵から身を守る最適の生育場所、或いは繁殖

外ヶ浜に残る深溝湊の桟橋跡。右奥は竹生島

場所でもありました。また内湖の水があふれると周辺のヨシ原やガマ原の低地が内湖化して水域が拡大することにより、周辺農地への直接の影響を和らげる役割りと水の浄化をしていました。

早くからこの辺りには人々が住みつき、肥沃な土地で農業が営まれ、集落が形成されました。また都に近く、延暦寺の本拠地にもあたるため、早くから条里制による土地の区画が整備されました。新旭町の農地の区画は、古代の条里制による地割りがこれまで基礎となっています。

しかし、昭和47年に五十川(いかがわ)地区より着工されたほ場整備事業により、新旭町農地(田)の62%約５５０ヘクタールが完了、その景観は一変してしまいました。先人たちの自然との戦いは解消したものの、土地に刻まれた郷土の歴史的遺産は失われたという側面もあります。ところで西に高く東に低い、南にわずかに高くて北が低い地勢の新旭町では、集落が湖岸から1キロ以上離れて立地していることに気

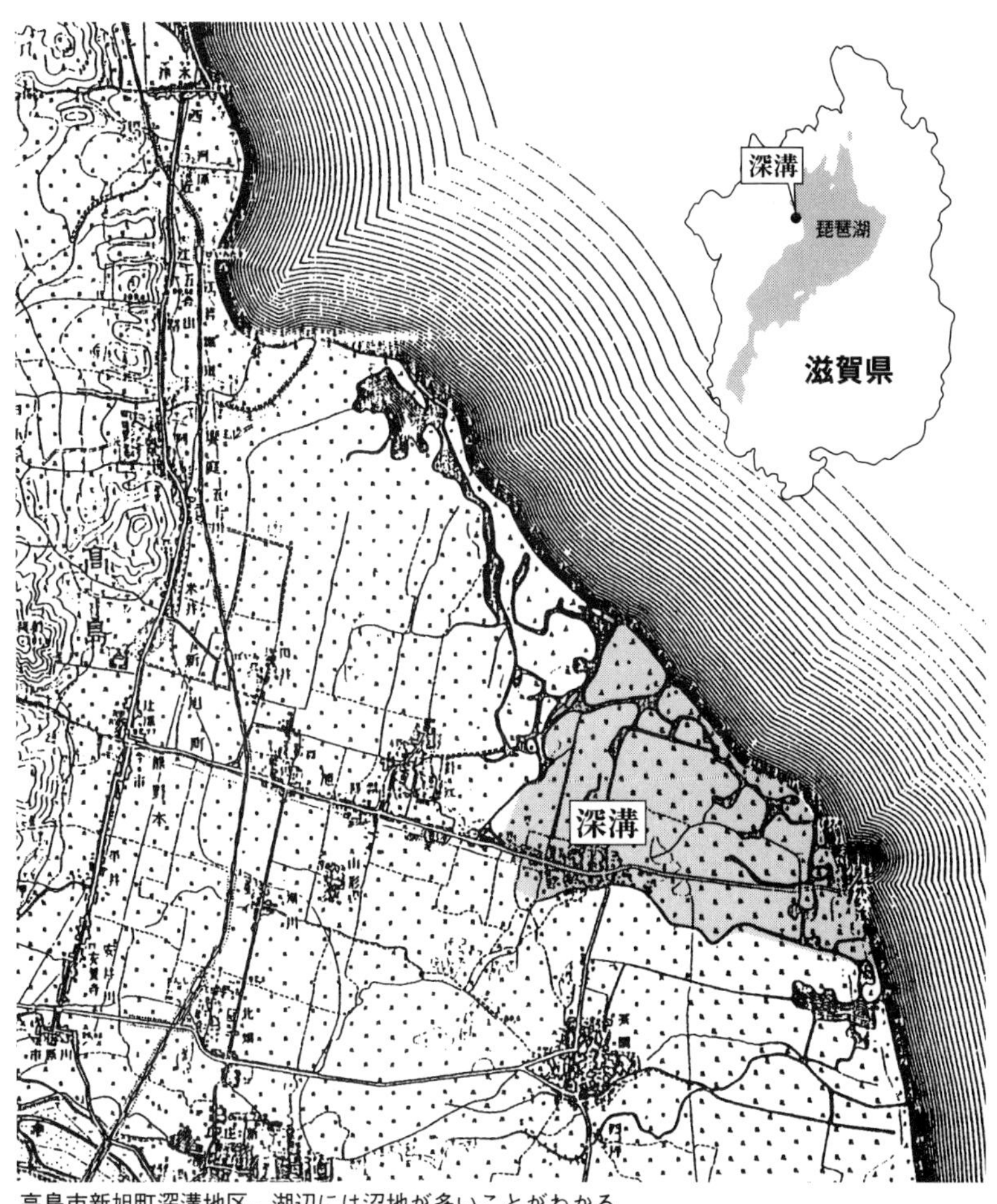

高島市新旭町深溝地区。湖辺には沼地が多いことがわかる
（大正９年測図　昭和32年資料修正地形図）

づきます。五十川・田井・森・針江・深溝・藁園・太田などの集落です。JR湖西線新旭駅を下車して深溝に向かって徒歩15分、土地の高さが湖の水位とほとんど差のないほど低いせいか、目の前にあるはずの湖も視界に入ってきません。

安曇川のつくる三角州の北側に位置する深溝は、1500～2000年前は、今の水際あたりに集落があったと考えられています。湖畔には森浜遺跡、針江浜遺跡、深溝浜（深溝地先―外ヶ浜）遺跡などの湖底・湖岸遺跡があり、弥生時代の土器や木器が多数出土していることから知ることができます。

農耕には適した肥沃な沖積平野である一方、低湿地であるため、湖辺に住む人々は少しでも高台へと移動し、現在地に移りました。地元では水場から遠ざかって上の地へ移動することを、「水上がり」するといいます。しかし、高台とはいえ低湿地にあるのが深溝や針江で、生水とよばれる自噴湧水が広がっているところでもあります。

さて、安曇川は大昔には堤もなく、河口は深溝の東方にある六ツ矢崎のあたりでした。小字名にある前の河原、中の河原、外の河原、本庄河原というのはかつての安曇川の川筋を伝えています。

口碑によると、村の始まりは奈良時代の天平宝字5年（761）頃、この辺りに住みついた村人を村初人、または長屋（家）衆と呼び、二宮権現の宮田を支配したと伝えられています。

なお六ツ矢崎の地名については、六ツ・六田・牟田は砂泥地帯を表わすとも言います。この近くには東釜・西釜という小字名が見え、釜の語源はガマの生える沼や小さな湾からきているといい、河口はガマやヨシの生える砂泥地帯であったようです。因みに隣村の藁園の名前は正倉院文書「国郡未詳計帳」和銅5年（712）に出ていることから、深溝よりも早くから開けていたようです。

室町時代、宝徳3年（1451）の「比叡之本荘二宮神田帳」（饗庭家文書）には深溝左近九郎や深溝三位殿・深溝馬場殿といった深溝

深 溝 地 区

深溝地区の小字名（『明治の村絵図』新旭町より）

という地名を冠した人名が見え、また室町幕府滅亡の翌年である天正2年（1574）の「定林坊並家中田畠帳」（饗庭家文書）には深溝三坪・ふかミそ三坪など条里遺称があります。これは条里制に関係する小字地名であると考えられます。

ところで、深溝のフカはフケの転で「湿地」を表わし、ミ（ム）ゾは「川」の意味をあらわします。つまり「湿地を流れる川」という語源から深溝という地名となったと思われます。

深溝の社寺

深溝・小池（おいけ）・霜降・山形の氏神である日吉二宮神社ですが、元は湖辺の古日吉（こびよし）にありました。保延年間（1135〜40）に琵琶湖の増水により湖辺から20余丁（約2キロ余り）上流の現在の小字丸沢に移されました。深溝は比叡本荘の山門領であったため、坂本山王権

日吉二宮神社。本殿および神門・瑞垣(みずがき)は高島市指定文化財

現を勧請し、祭神は大山咋命（おおやまくいのみこと）で当初は二宮大権現と称していました。

寺は熊谷山本福寺（西寺）と白蓮山本福寺（東寺）の2カ寺があり、通称東寺も天正年間（1573〜91）に、小字本庄川原と呼ばれる湖辺から18丁（約1・8キロ）上流の現在地に移されたと伝えられています。また近くに小堂の観音堂（知足軒）があります。ここは高島西国三十三カ所のうちの22番札所、高島四国八十八カ所のうちの52番札所で御詠歌は「てらすひも　山をしるべに　あしばやに　のきもかたぶく　いりあいのかね」とあり、十一面観音が村人の崇敬を受けて祀られています。

時代も下がり元亀（1570〜72）の頃、集落の西端に鬼子母善神が祀られました。元は、熊野山（饗庭野）の奥、茅尾山の東麓の堂立山に立派な伽藍があり祀られていたものでしたが、織田信長の兵火により焼失、近隣の村人たちが、灯籠や仏像を拾い集めて持ち帰り、後に深溝では小堂を建て奉安したと伝えられています。明治29年の大洪水で尊像も水難に遭われたものの、老人衆13人によって護持運営されてきました。

大堤（おおづつみ）を築き水車（みずぐるま）で排水

数年毎に琵琶湖の水位があがり田畑が水没するという深溝では、湖辺の田の中に延長2キロにも及ぶ大堤（外堤）が弧状に築かれました。堤の土盛りは2尺（約60センチ）、巾は4尺（約120センチ）で堤の外側（湖水寄）に沿って用水路が通っていました。

大堤周辺の田地の地割は大小さまざまで不規則な形をなし、その他は葦の茂る広範な湿地帯でした。大堤とはいえ、高さは60センチです。長雨のときには大堤を越えて堤の内側の田まで浸水します。但し大雨が降ってすぐ水込み（水が逆流してくる）になることはあり

水車。湖辺では田の排水や水入れに用いた（高島市歴史民俗資料館提供）

ません。「後ごみ七日」といって雨の7日後に水位が最高位に達するのです。それを見計らって排水を行います。

大堤と不離の関係にある農具が水車（足踏揚水機）です。水車は寛文年間（1661〜72）に大坂で作られ、18世紀半ばには全国に普及したと言われています。大堤には水車を備える所が5カ所ありました。水車を設置する場所は、凹めてあってそのそばに必ず畑があり、これを「大堤の畑」といって無年貢となっています。元文2年（1737）9月の深溝村古絵図（深溝区有文書）にはこの大堤が描かれているため、約300年前には大堤が築かれていたようです。

田植の頃に水込みに見舞われると、水車を大堤に備えつけ、足で水車を回し田の水を水路から排水しながら、内側の水加減をみて植え付けを行います。排水が済み、田植えが終わると、水が後戻りしないよう畑の土で埋めるのです。朝早くから夕方遅くまで、みんなが共同作業で交代しながら排水に汗を流すのでした。

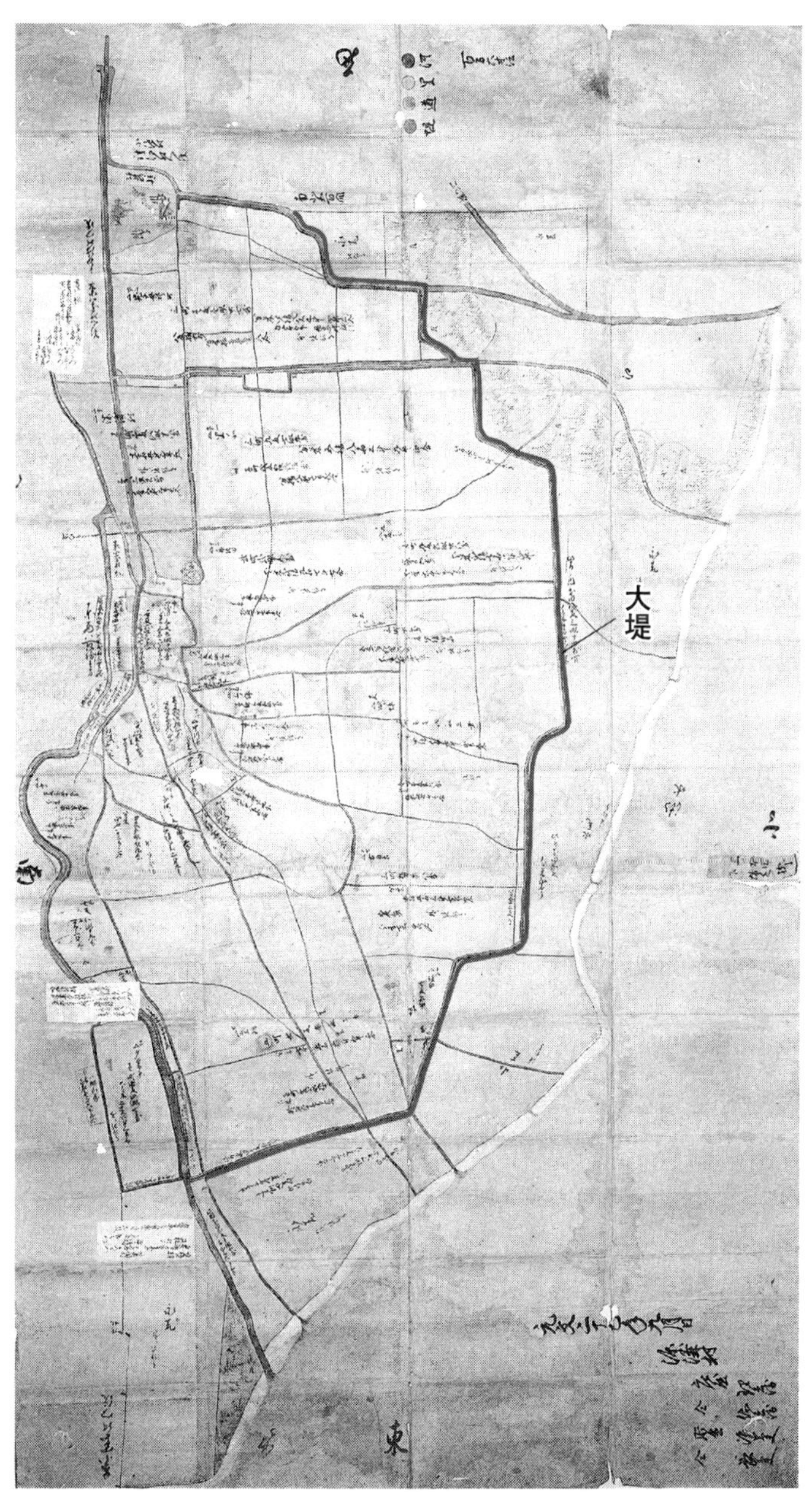

「深溝村古絵図」に描かれた大堤。（深溝区有文書に一部書き込み）

岡や日爪の猪追いよりも　まだもましだよ車ふみ

山里にある岡村や日爪村には、山からイノシシが出てきて、田畑の稲や野菜を食い荒らす被害が多く、シシを追ったり、シシ垣を作ったりしているのに比べれば、車踏みはまだましだ、と今に残るこの唄は、深溝の農民たちの宿命として苦労をうたった諦めの感じすらする悲しい唄です。

このように苦労して苗を植え付けても、再度水込みになると、せっかくの早苗も水に浸かり、湖魚のワタカに食い荒らされてしまいます。そのため出穂が極端に少なくなるため、苗を植えつけ直します。

昭和30年代の土地改良工事で水路を埋め立て、堤を拡幅し、現在では立派な農道となったため、かつての大堤は見られません。また江戸時代中期から行われていた水車踏みは大正時代に動力揚水機が出来たことから、排水は徐々に機械化されましたが、大正生まれの人は、水車踏みの記憶があるとのことです。

舟刈り（ふなが）

秋の収穫期に水込みに遭うと、黄金色になびく稲田も一夜のうちに泥底に沈んでしまいます。こんな時には舟刈りといって、膝や腰まで水に浸かり、足を泥に取られながら稲を1株ずつ刈り採ります。刈り採った稲株は、畳1枚ほどの小さな田舟（ずり舟）に乗せて引きずりながら稲田から運び出しました。

あるいは船底が平らな田舟の上から柄の長い長鎌か、竿の先に鎌をくりつけたもので、1株ずつ刈り採って、稲を舟へ引き上げ、10株1束に把ねました。また2艘の舟を併せて使うこともありました。

深溝村には安永8年（1779）には、丸子船が4艘、艜舟（ひらたふね）が16艘あり、28人の舟大工がいたことが「船大工仲間定・名印帳」（竹中文書）に記されています。村には「舟市」、「舟房」と屋号で呼ばれていた家があります。舟は稲刈りだけではなく、年貢米を大津にある藩の米蔵へ運ぶためにも必要でした。

　舟へ引き上げたこれらの稲を、稲木（稲かけ）に架けて天日で乾かします。早く刈り上げないと籾が芽を切り（発芽する）ます。芽切り米は調整が難しく、悪臭や苦味があって、売物にならず家で食べるよりしかたがありませんでした。

　平穏な年でも汁田（しるた）（湿田）の田刈りは、「なんばん」という大きな田下駄を履いて作業をしました。また、水が多すぎて苗の植え付けができないときは、畝植えといって、水田の土を細長く盛り上げて畝（あぜ）を作り、その高い所に苗を植え付けました（溝渠農法）。このような畝田では、1反（10アール）の田でも、収穫は6割位しかとれませんでした。労多くして実りの少ない低湿地帯農民の苦労は、乾田耕作者にはとうてい想像できないことですが、昭和30年頃まで、湖辺の村々での農作業に舟は欠かせないものだったのです。

なんばん。田下駄に屋号が焼印されている

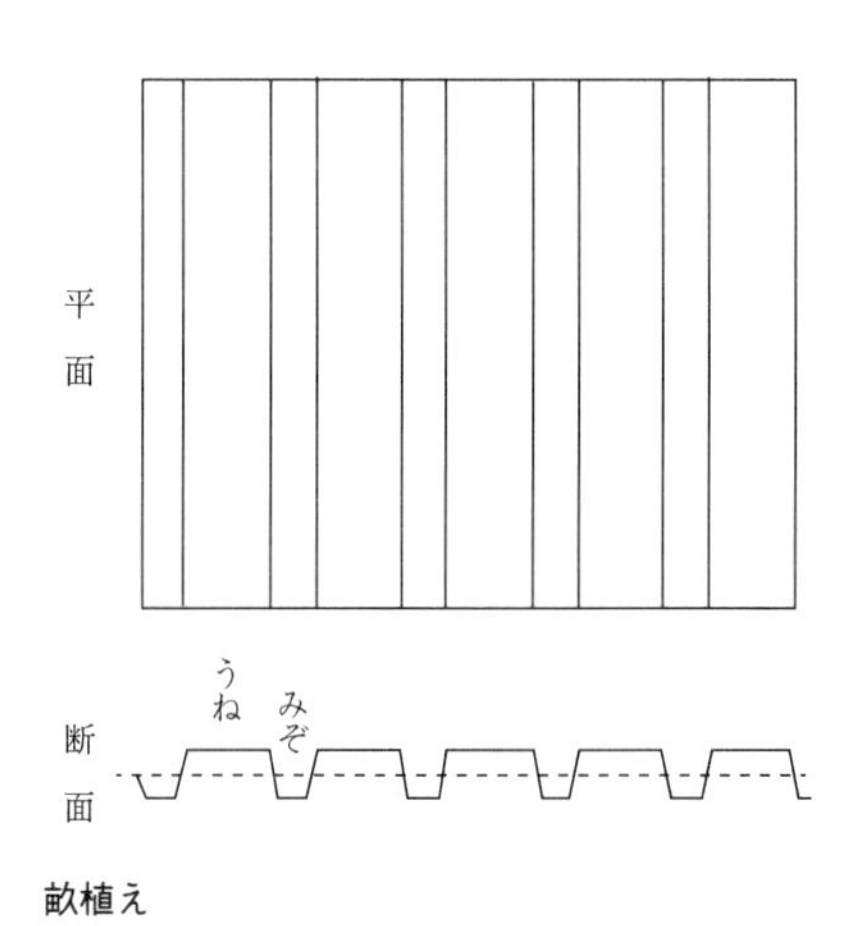

畝植え

江戸幕府による寛文10年の瀬田川大浚え

琵琶湖の増水により、田畑水没の害をこうむってきたのは、深溝の農民だけではありませんでした。江戸時代、琵琶湖辺一帯には200以上の村があり、その石高はおよそ30万石、近江全域のおよそ38％を占めていたといわれています。瀬田川の川浚えは湖辺一帯の村々にとって、田畑の収穫を守るために大切なことだったのです。

幕府は寛文6年（1666）2月「諸国山川の掟」を定め、水源地帯の草木根掘りと河川敷内の焼畑耕作の禁止、河川上流のはげ山の植林を始めました。そして滋賀・犬上・高島三郡の訴願を受け、ようやく腰をあげ、寛文10年（1670）、瀬浚え（川の浅い所を浚える）をすることになりました。正月11日から2月晦日までと8月10日から20日までの延べ60日間の工事は別所川・赤川デルタ地帯と主に瀬田唐橋上下と田上川（大戸川）川口の川底の土砂浚えを行いました。人夫は14万１５０３人、沿岸の村々からは1石につき1人の割合で出役が命ぜられました。農民たちは、多年切望の工事であったため、競って出役に従ったといいます。

そして同12年には瀬田川の普請に付き沿岸の村々に対し、瀬田川の川浚えについての予備調査を行っています。調査は膳所藩領を除いた総村数１９２カ村で、川浚えの際、村高に応じて人足提供に同意するか否かの内容で、約８割の１５２カ村が同意しました。

河村瑞賢による元禄12年の瀬田川大浚え

天和３年（１６８３）２月、幕府は江戸の豪商河村瑞賢に畿内の河川調査と治水の抜本対策を委任しました。瑞賢は幕府の若年寄稲葉石見守らと共に淀川の上流、近江の山岳地帯から鴨川・桂川及び木津川の水深を調査した結果、水源地の山林の乱伐の禁止、河川の土砂浚え、川の流水を直行し水勢が下流淀川から海へ出れば洪水を防ぐことができると献策しました。

そこで幕府は河村瑞賢の治水策に従い、天和3年（1683）京都・大坂の町奉行と伊賀・大和・山城の諸大名を、貞享年間（1684〜87）には、膳所・淀など7国11藩主を土砂留奉行に任命し、天領を含む山林の伐採禁止、はげ山に植林をさせるなど対策を講じました。また瑞賢による淀川治水工事は貞享元年（1684）に着工、3年がかりで淀川の九条島から宇治川に遡る川筋を改修、下流には分水路を掘ることにより大坂平野の水害を防ぐ策をとりました。

瀬田川に流れ込む河川の主なものは、北の上流右岸から、鳥居川、太郎川、赤川・芋谷川・坂尻川・谷川等、対岸の左岸は大江川・別所川・杉谷川・篠部川・池谷川・田上川（大戸川）・獄川等で、これらの川の中で最も多く土砂を流失するのは大江川と田上川で、川口近くには土砂がたまって島になっている所がたくさんありました。

また関ノ津から下流の鹿跳（ししとび）あたりまでは大小の奇岩が散乱して川の流れが阻まれています。この土砂や岩を取り除き、島や岸を削り、さらに川底を浚えると琵琶湖の水はよく流れ落ちて、浸水田の水は引き湿田は乾田となり、また新田開発も可能になります。

これは湖辺の農民の願いのみならず、慢性的赤字財政に悩む幕府にとっても新田の開発によって年貢の増収も期待できます。ところが幕府はなかなか工事を実施しませんでした。

元禄3年（1690）、幕府は瀬田川のシジミ採り船は砂を掻き揚げて陸へ捨てるので、川浚えと同じ効果があるとし、瀬田川でのシジミ採りを免税にしました。この制度は明治初年まで続きました。

ようやく工事に取り掛かったのが元禄12年（1699）で、幕府は瑞賢に工事の指揮、監督を命じました。瀬田唐橋から現洗堰付近までで、主に東岸の川浚えと護岸埋め立て、瀬田唐橋下の中島の縮小、

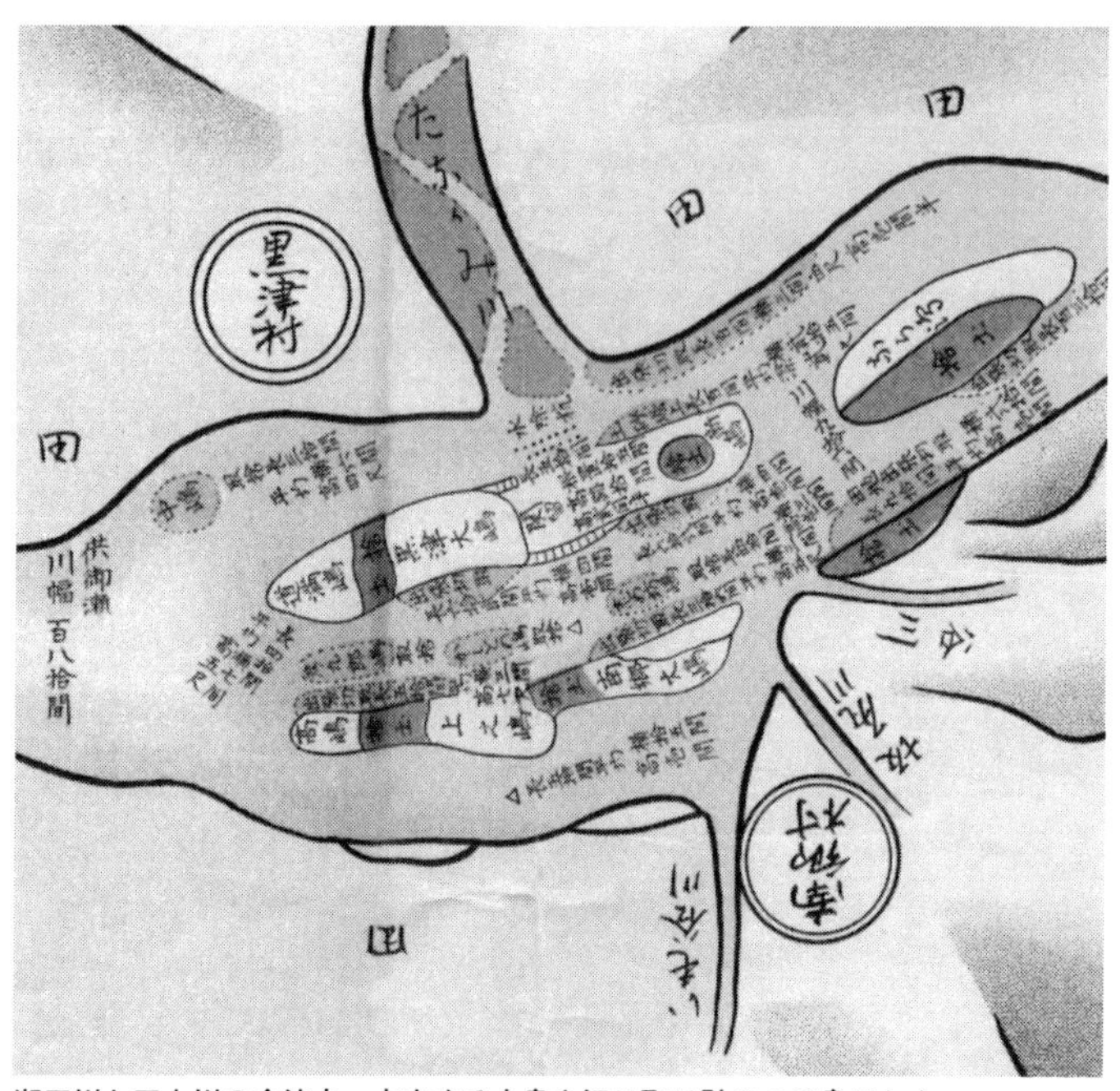

瀬田川と田上川の合流点。点在する小島を切り取り計３つの島にした
（「勢多川浚古絵図」 蓮井坂右衛門家蔵部分）

さらに大戸川が合流する供御瀬(くごのせ)付近の黒津八島という中洲の浚渫でした。まずは上流の中島を取り除くとともに、道満島・黒津大島・新島と高島・上の島・南郷大島をひとまとめの細い島にして、2つの島にまとめることにより、流れをよくするという大工事でした。工事には湖岸の農民が出役しました。しかし今回の工事は幕府の財政難という理由により、その経費銀515貫目（4億2917万円）は、一時幕府で支払い、これを臨時の税金として湖辺の219村への村高16万石に対し100石に付、銀105匁8分3厘（8万8192円）宛、3年間の取り立てに転じたのです（京都御役所向大概覚書七）。つまり国の負担から地元の受益者負担へと変わっていったのです。

いざ、江戸へ箱訴

その後、瀬田川の流れが少しは安定したのか、川浚えに関する訴願はしばらく出ていませんが、20年ほど過ぎた享保7年（1722）5月18日に、高島郡の大溝新町・横江・深溝・針江・藁園・川島・藤江・下小川・鴨・永田・打下の11カ村が連名で「瀬田川の流れが弱く湖水は淀み満水となり、水所の百姓亡所を考えている。25年前のように川浚えをしてほしい」と京都町奉行所（西町・東町両奉行）へ提出しました。同年9月29日に願書を再提出、翌享保8（1723）年1月19日再々提出、続いて願人6人が京都へ出願しています。このように「高島郡よりの願いは、湖辺各村々の希望の瀬田川浚渫にあり」と数回の願書を出ましたが、協議されることはありませんでした。

元禄12年の工事の際、浚渫にかかる費用は幕府の一時立替金、最終村々の負担でした。享保年間になると土手の補修のような部分的補修は土砂留奉行がしていましたが、抜本的対策としての川浚えについて幕府は財政難のため一時立替もしてくれず、自普請（関係する村々が費用を出して行う工事）を願い出て行うしか方法がありませんでした。

享保18年（１７３３）には湖北の浅井、湖南の栗太を含めた三郡連合で請願するも、奉行・牧野河内守に聞き入れられず却下されました。翌19年には湖辺各村より「勢多川半浚自普請」を銀３５０貫（2億９１６７万円）の目論見書（計画書）を以って願い出ました。続いて享保20年（１７３５）４月にも湖辺惣代より瀬田川浚えを願い出ましたが、各村々の連印が無いからと却下されました。

何かよい策はと思案したところ、徳川吉宗が町人や農民が直訴できるようにと、江戸評定所前に目安箱が設置されていることを聞き、同年11月11日には願人等が江戸まで出向き、箱訴（はこそ）しました。当時は目安箱とは呼ばれておらず、単に「箱」だったといいます。その甲斐あって、ようやく12月３日前回却下した土井丹後守より呼び出され、事情聴取へと前進します。

幕府が村々の願いを却下する理由

度々の請願にもかかわらず、幕府がなかなか工事を許可しなかったのはなぜでしょうか。その理由については次のようなことがありました。

瀬田川下流となる淀、伏見、摂津、河内などの村々からの反対でした。瀬田川浚えを行なえば湖水の水はけはよくなるものの下流の淀川へ流出する土砂で川床が埋まり、洪水を起こす危険があるというのです。しかもその反対勢力の中心が九条家領など宮方や公家領の農民による反対だったといいます。

また幕府は瀬田川を軍事上重要視していたため、万が一幕府と朝廷で事ある場合は、瀬田唐橋をはずして、供御瀬(くごのせ)の浅瀬を利用して都に行くという秘策を考えていたのです。そこで表向きは御所へ鮮魚を献上する漁場＝供御瀬を触るなということにしておいたのです。さらに琵琶湖の水位が低下すれば膳所城や彦根城からの舟入りに支障をきたすということもありました。

そして、湖辺の村々はおよそ50の領主に細かく分封されているため、協議をまとめることも大変だったことも理由のひとつでした。

元文2年の自普請川浚え

翌享保21年（1736）1月、幕府より巡見使が現地見分に訪れます。そして改元となった元文元年12月、大溝藩領下新町の庄屋清兵衛を惣代として、自普請川浚えを出願、翌2年2月23日土井丹後守より、許可がおりました。最も、川下村々に支障のある時は速やかに差し止める条件がつけられました。

普請に取り掛かると下流淀川筋の鳥養村・前島村・鵜島村から苦

情が出たのですが、支障がないとして工事は進みました。『琵琶湖治水沿革誌』によれば、工事は農繁期を外した3月16日～4月12日と7月3日～8月晦日の2回に分けて行ったのですが、膳所領栗太郡の内8カ村が組入りを拒否、湖辺72カ村、3万4000人で普請に携わったとあります。さらに請願したものの水難のない村は人足を出すのを渋ったともあります。

　この時の各村の負担基準は村高1石に付き人足2人と、船高200石に付き1艘、人足2人に鋤（すき）1挺・鍬（くわ）1挺・鋤簾（じょれん）1挺・もっこ1荷・棒1本の拠出でした。なお工事に掛かった経費は銀89貫余（7417万円）で、工事は新洲のみを浚えた程度で瀬田川の流れを少し良くする程度のものでした。

　その後も何度か出願するも、川浚えによる下流域の洪水を恐れる村々の反対により、なかなか許可されませんでした。そこで湖辺の村々ではたとえば「瀬浚え」を「砂留め」と言い換えてみたり、工

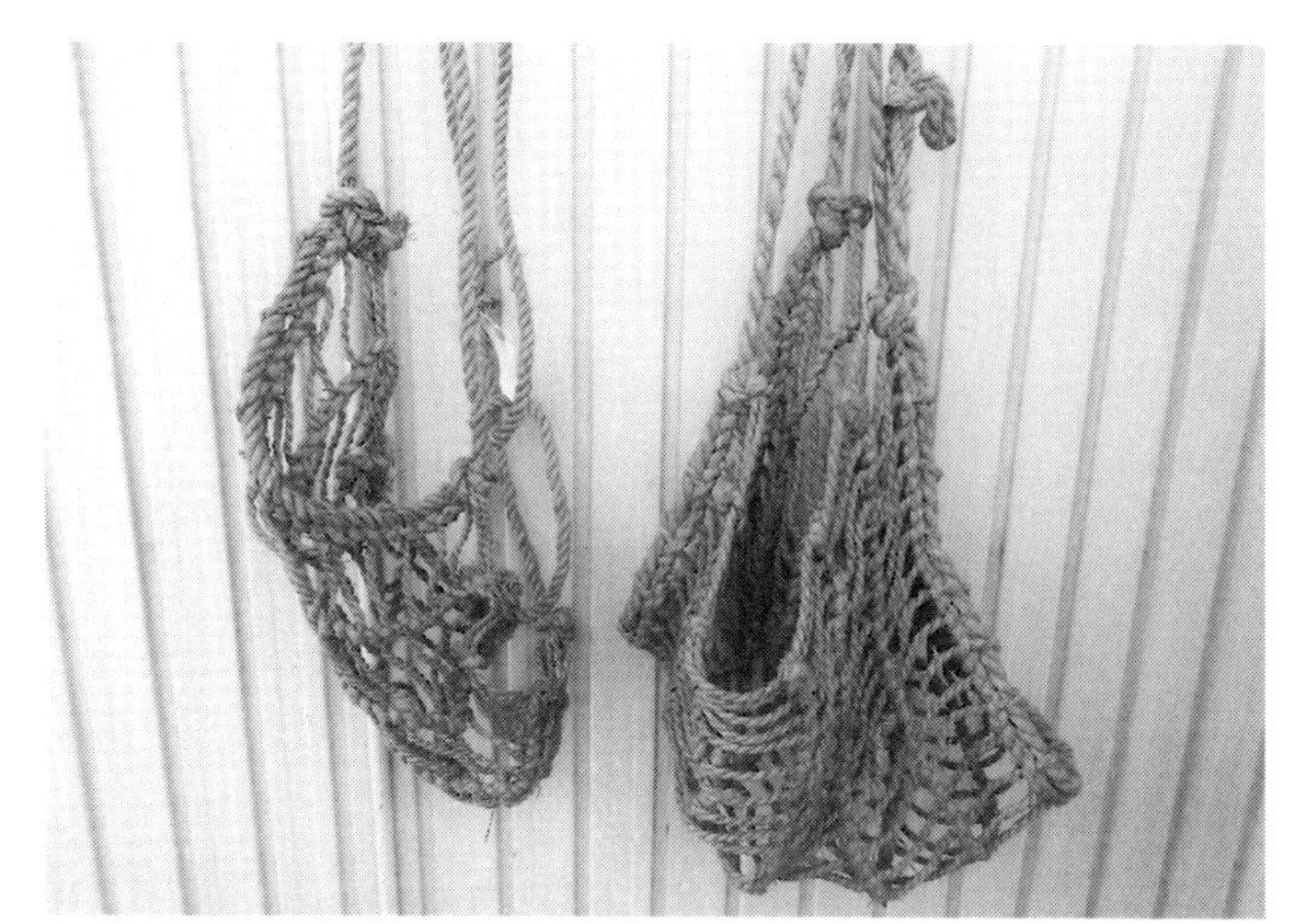

もっこ。藁縄で編まれており、土や肥料を運ぶ農具（高島市歴史民俗資料館提供）

鋤簾。畑や河川に使用する。歯は鉄製（高島市歴史民俗資料館提供）

期を短縮するなどして、自普請を願い出るのでした。

第二章　庄屋太郎兵衛（直重）立つ

江戸時代の深溝村

前章でも触れていましたが、江戸時代の近江の土地は多くの大名や旗本に分割されており、琵琶湖沿岸の２００カ村だけでもおよそ50の領主に分かれていました。実は深溝村も大溝藩領の他、大坂に代官所のある佐藤領の２カ所に分かれていました。

深溝村は、陸路大津へ12里半・京へ15里半・江戸へは１２０里、湖上を瀬田まで13里のところに位置します。日本海の若狭方面から吹く北西の季節風は、寒風と深い雪をもたらし、天保年間には戸数95の貧しい湖辺の村で、１戸に付き平均約10石でした。近隣の北畑村の半分、田井村の三分の一という僅かな石高で、元禄郷帳によると村高１０４８石余、うち８３２石は元和5年（１６１９）より大溝藩領、２１６石は旗本佐藤領となっています。

大溝は、現在のＪＲ湖西線・近江高島駅前付近をいい、元和５年伊勢国上野城主（三重県安芸郡河芸町）２万石であった分部光信（わけべみつのぶ）が、45名の譜代家臣を伴って高島郡内32カ村と野洲郡５カ村の２万石領主として大溝藩に入りました。

大溝城は北国海道（西近江路）や若狭街道、また湖上交通の要衝として天正６年（１５７８）、織田信長が甥の織田信澄に築城させた水城でした。信澄亡き後、城は解体され、分部が入封したときは荒廃していましたが、陣屋や武家屋敷を整え、城下町を整備し領内支配にあたりました。

大溝藩は４人の家老と家老の下に目付を兼ねた用人７人、京都留守居１人、元締を兼ねた郡奉行５人、寺社奉行・町奉行・武具奉行がそれぞれ１人という役付けです。江戸藩邸は上屋敷が芝愛宕下二葉町、下屋敷は白金村にあり、家老１人、用人２人、元締１人、勘定方１人、勤番50人が１年交代で勤め、江戸常勤は留守居の他は５

人でした。京都藩邸は長者町通にあり、留守居のほかは徒歩（徒士）と足軽が一人ずついました。また馬廻組が40人、中小姓組30余人、徒士40余人、足軽130人で合わせて230人程の小さな世帯でした。

太郎兵衛直重と藤本家

藤本太郎兵衛直重は享保13年（1728）5月18日、深溝村で生まれました。祖父道久は温厚な人柄で信仰の中に生きた人として村人から慕われていました（延享4年〈1747〉10月8日没、法名「釋久閑」）。一方、父・近直は田畑を抵当に高利貸しをして、「藤本家の300石余の田地を私有する身代の半分は自分が築き上げた」と豪語する人物でした。発句を道楽として雅号を柳宅といい、何かと先代と比べられることが多かった人だと伝えられています（天明6年〈1786〉正月20日没、法名「釋柳閑」）。在地で急速に力をつけた藤

藤本家法名。
祖父、父、直重、重勝まで記載されている（藤本家蔵）

本太郎兵衛家は先祖代々苦労して築き上げた財産を所有していました。

「系譜は自らの正統性を獲得せんとして、江戸時代に専門の業者が系図を作ったとも言われており、真偽のほどは判りませんが、俵ノ藤太（藤原秀郷）へとつながっています」と言われていた直重から数えて七代目の当主藤本太久夫氏のことばが思い出されます。

その「藤本家系図」によれば、長屋（家）衆の流れから出たもので「秀吉に仕えて1300石余をもらっていた小出小太郎という人物が、秀吉の没後、当家に養子に入り、元は藤原の末流だということで、後に藤を用いて藤本と改めた」とあります。

ところが資料で藤本と記している代は、直重の父近直が記した「（覚）今日より兄弟分ニなるニ付き、名字譲られる旨……明和3年12月1日」が初見です。藤本の姓を同名から譲り受けていると系譜には書かれているものの、実際には1代目太郎兵衛直重が大溝藩主分部侯より功労により天明5年苗字帯刀を許され藤本と定めるとなっています。そこで、この本では、太郎兵衛直重を一代目、重勝を二代目・清勝を三代目として綴ることにします。

江戸時代中期の水害と川浚えの出願

現在深溝には、表街道に沿って一見それとわかる太い木組みの堂々たる家が残っています。この家は現在太郎兵衛の末裔が管理し、玄関と土間あたりが太郎兵衛家の昔の部材が一部使われているそうです。煤で黒ずんだ太い木組みが、往時の面影を偲ばせてくれます。

昔は表街道から裏道（井ノ浦川沿い）まで3反2畝（約32アール）余もある広い屋敷の中に、米蔵・道具蔵・離屋・茶室などといくつもの棟が建ちならび、その屋敷内には作男や船頭それに下男・下女と多くの使用人が働いていたといいます。

藤本家の部材が使われた家

1代目太郎兵衛直重（以下直重）は幼い頃から、村が何度も水害によって滅亡の危機にたたされるような厳しい体験を背負いこんでいました。村人たちは、雨の日が2日も続けば洪水を心配し、雨が止めば胸をなぜ下ろし、雨の心配が常の挨拶に必ず出てくるという暮らしでした。太郎兵衛10歳の頃、元文3年（1738）6月1日には、「湖水大込、5月7日ヨリ降雨夕立ノ如ク、6月朔日2尺1寸（馬場床上浸水、大木倒レ人家大イニ損ウ前代未聞、午年ノ荒ト」とあり、この年の湖水の込み方を現在の標高に併せて地図に記入すると図のようになり、新旭町の穀倉地帯がすっぽりと浸水したことになります。

この前年は幾度もの出願により瀬田川の川浚えをしたにもかかわらず、雨は1カ月近く降り続き、前代未聞の被害を被ったのでした。そこで直重が20代から50代までの洪水と渇水の主なものを次に挙げてみます。表にある延享4年、宝暦6年、明和5年、天明元年の堤、

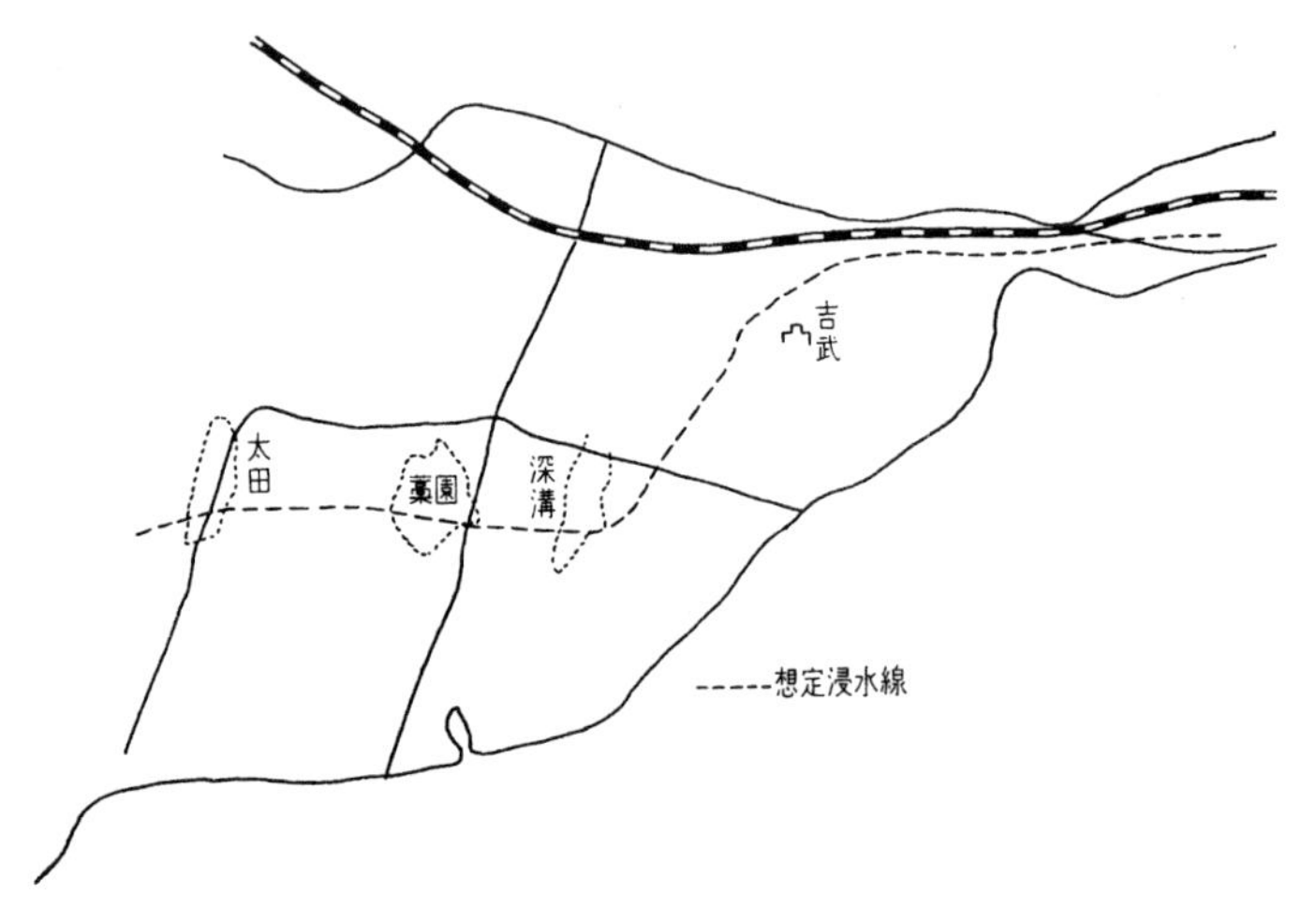

元文３年の湖水大込の水害図

堤切というのは安曇川北岸の堤防が切れたということで、湖水大込み以外に堤防決壊による災害を示しています。また安永元年の災害は昭和9年に四国・近畿・東海地方を襲った室戸台風と同じコースであったと考えられ、時刻は未明頃、家屋の倒壊も多数あったようです。

安曇川の下流、北東に位置する深溝は大雨のたびに大洪水となり村人を襲い苦しめました。村人たちは天を眺め、地を見つつ、生きる望みを失いかけながらもツシ（天井裏）にわずかな家財道具を運び上げると、小舟に乗り家ごとに親類縁者を頼って高台の村へ避難しました。また反対に明和7～8年の旱魃では隣りの霜降村との水論もあり、それこそ水害と旱魃との戦いでした。

元文元年（1736）以降の約40年間、工事の出願は数回あり、それも前表に記してしています。

元文から天明元年までの新旭災害と川浚えの出願・普請

和暦	西暦	事　柄
元文１	1736	**66カ村で自普請願い**
元文２	1737	**川浚え許可２度に分けて工事。72カ村が普請に携わる**
元文３	1738	５－６月深溝床上浸水
延享１	1744	**幕府による土砂留普請。但し費用の9割は住民負担**
延享２	1745	**幕府による土砂留普請**
延享４	1747	７月25日から大雨、27日夜半堤124間切れ
寛延３	1750	**湖辺の村々川浚え出願するも、下流村々の反対により不許可**
宝暦６	1756	９月16日(現暦10月９日)「大風雨にて17日４ッ時堤切65間」
宝暦８	1758	湖水大込年也　御免状116石２斗。**幕府による土砂留普請**
明和２	1765	湖水大込
明和３	1766	**幕府による土砂留普請**
明和５	1768	５月26日から大雨、27日７ッ時新庄堤切
明和６	1769	**彦根領分水場村惣代他により「シジミ取共川浚え」を出願するが、下流村々の反対により不許可**
明和７	1770	百日余も大旱魃・安曇川渇水
明和８	1771	５月から８月（６月～９月）「大旱魃・安曇川渇水　植付け不能　水争い多数井戸掘る前代未聞の事」
安永１	1772	８月21日（９月17日）「大風ニテ大木損倒ス」
安永２	1773	**瀬田川大浚渫により、湖水を常水より２～３尺下げれば、新田5214町余を開墾し4万1700余石の増産をすると願い出るが、不許可**
天明１	1781	８月９日（９月26日）「田植えより順調であった七ツ時（午後４時頃）より大雨、夜四ツ時（午後10時頃）新庄堤切延長50間、床上浸水」 11月、初代太郎兵衛直重は川浚え出願を決意

太字は出願、普請

幕府による土砂留め普請

前述のように幕府は貞享年間に土砂留奉行を置き、瀬田川に流れ込む諸川に土砂留め普請を幾度か行っていました。従来費用については公家領、門跡領などは免除されていましたが、延享元年（1744）に行った土砂留め普請については、費用の1割は幕府負担で残りの9割については近江国全ての村が石高100石に付き銀2匁2分4厘4毛を負担することを決めたのでした。費用は総額3貫989匁3分3毛（332万4442円）でした。工事は以後も行われており、山間のマキノ町在原村には延享4年（1747）の負担金領収書（在原区有文書）が残されています。

請取(うけとり)申上納金銀之事

一、銀　三匁四分四厘五毛

右者、去ル寅年江州勢多川筋谷ノ土砂留御普請御入用銀、

タシカニ請取申ス処、件ノ如シ

延享四年卯十一月二十五日

三井三郎助

江州高島郡在原村

庄屋

中

年寄

なお受領者が三井三郎助とあり、負担金は幕府ではなく、京都新町通り六角下るの銀受取所三井家へ納める事となっています。因みに柏原宿萬留帳によれば、数年間の負担率は次の通りです。

一　延享二年　石高百石に付　銀二匁二分四厘四毛
一　延享三年　同　銀二匁二厘九毛
一　宝暦九年　同　銀一匁七厘四毛
一　明和四年　同　銀七分六毛
一　文化二年　同　銀一匁七分七厘六毛

もちろん、村人は負担金だけでなく、普請役務も割り当てられます。そこで長浜三ツ屋村の大庄屋中川忠三郎は、村人を率いて積極的に工事に当たったため、彦根藩北代官所より、30石のお救い米を与えられたとあります。

庄屋直重の決断

藤本家は父近直が隠居した後、直重が深溝村の庄屋を勤めていま

大溝陣屋の総門
分部氏によって整備された武家屋敷地の出入口。高島市指定文化財

した。当時大溝藩の藩主は初代光信から数えて7代目の光庸（みつつね）46歳の時で、庄屋らの仕事に関係するのは、郡奉行の下にある4人の代官で、年貢米の徴収を行い、内3人で高島郡内32カ村を上組・中組・下組と3つの組に分けて統制下におき、直重の深溝村は下組に属していました。また長老代官は対岸の野洲郡5カ村の領地を支配していました。

直重は度々の水害を防ぐには湖辺の人々が一致団結して川浚えするしかないとの決心を固め、大溝陣屋を訪ねたのは天明元年（1781）11月のことでした。堤防決壊により田んぼはもちろんのこと、床上浸水の被害に見舞われて2カ月後でした。陣屋の総門を入り元締所に進み、代官に「洪水を防いで田畑を守り、増収を図るために湖辺の200カ村の庄屋に回状をまわし、自普請で川浚えをさせていただくよう願い出たい旨」を話しました。これからやることについて、何よりもまず領主の了解を得ておかねばならなかったためです。

藩の財政を支えているのは百姓からの年貢米で、米以外に商品作物の少なかった大溝藩では、水害で不作となれば、たちまち藩の財政に響きます。領民に質素倹約令を出して一粒でも多くの米を残す以外に方策はなく「百姓の衣類は木綿に限る、髪も藁を以ってつくねる事、また食用は雑穀を用いて米を節約すること等」を命じています。

一方農民にとっての米は貢納のため、領主のためのものであり、農民は米に麦・雑穀・野菜・山菜などを入れた炊き込み飯や、雑炊などを食していましたし、新田を開拓するどころか、通常の田地が水込みで収量がなかなか見込めないのが現状でした。

実はこの年、対岸の野洲郡中村で領主膳所藩の年貢増徴に抗した百姓一揆で首謀者らが処刑されたのですが、その一人が直重の庄屋仲間の知友である庄屋・西口与左衛門でした。与左衛門は「死を覚悟するのでなければ、郷土の荒廃を待つばかりだ」と言葉を遺しています。直重は与左衛門の言葉に動かされ、いつまでもこのまま歯ぎしりしているだけでは事が進まないとの思いがあったのでしょう。そして庄屋は公（公儀や藩庁）と民の調和融和をはかるのが任務で、利害が相反するときは、民を守る使命と決意で立ち上がるのが庄屋の宿命であると考えたのです。直重は既に54歳でしたが、身体に鞭打ち、まだ12歳の2代目重勝が成長するまではと、強い決意でのぞむのでした。

直重は親戚一同が集まった祖父の35回忌法要の席でその思いを告げました。すると親戚からは「庄屋は庄屋の勤めだけしていればよい」と待ち構えていたような非難と猛反対の声が飛んできました。その時「身代を次の代の直重に譲った限りは、何に使おうと口出しはせん。好きにやれお前に任せる。大勢の人のためになることなら良いやないか」と、いってくれたのが父近直でした。きっと真正面から反対するだろうと考えていた直重はもちろんのこと、親戚一同が耳を疑う意外な言葉でした。

各郡惣代と手分けして村の同意をとりつける

元文2年（1737）の自普請川浚え以降40余年、土砂留め普請はあったものの、瀬田川浚えは出願するも一度も許可されていません。これを成し遂げるには、公儀の役人を動かすこと、湖辺村々の合意を得ること、特に彦根藩領内の村々の説得、下流の淀川べりの村々の反対を鎮めること、そして大金を要するため一身代をつぎ込む覚悟がいるのです。直重は、自分の思いを周りの人に披瀝することによって決意を固めていきましたが、前途の困難が思いやられるのでした。

直重はまずは京都東町奉行所の勘定方与力の下へ伺い出たところ

「沿湖一統の出願でなければ聞き入れ難し」、つまり元文の川浚えのように、一部の湖辺ではなく琵琶湖沿岸全ての村々の庄屋の連署がなければ受け取れないと言われました。そこで、各郡の惣代に相談するとともに、湖辺の村々1村ずつの同意を得るため回りました。また彦根領内の不服の村へ出向いて同意を求めましたが、なかなか埒があきません。そこで大溝藩より添書を請い、それを彦根藩へ願い出たところ、ようやく領内60カ村が同意してくれました。また膳所藩領内の不服組は矢橋村の庄屋・芝田清蔵の骨折りによってまとめることができました。

しかし直接水害に遭う村々にもかかわらず、経費負担を口実に「瀬田川の中の竜宮のたたりで大雨洪水になる」などと恐れたり、石高にではなく水損割に賦課すべきとし、均等割の出費に不満を漏らす村もあり、同意は177カ村、不同意は次の22カ村となりました。

野洲郡　水保村・戸田村・幸津川村・五條村・野田村・野村・

比留田村・小田村・江頭村・安治村

蒲生郡　小西村・東中小路村・東畑中村・西出村・十林寺村・西鍛冶屋村・牧村・大房村・西畑中村・西中小路村・田中江村

神崎郡　伊庭村

大津顕証寺での惣代集会

そして天明2年（1782）8月6日、大津札ノ辻にある顕証寺（近松別院）において各郡惣代集会が開催され、瀬田川浚え自普請の実現を目指し、反対の村を除く177カ村により「後日に異存なき様」全員が連判しました。

ひと言で湖辺200カ村といってもそれは9郡（滋賀・東浅井・野洲・高島・伊香・神崎・蒲生・浅井・坂田）に及び、彦根35万石・膳所7万石などの譜代大名領のほかは、１～２万石の小大名や他国大国の飛地が多くおよそ50の領主に支配され複雑に入りくんでおり、折衝は並々ならぬ体力と努力がいるものでした。

この惣代集会で、発願人の深溝村庄屋太郎兵衛直重は、瀬田川自普請浚えの「湖辺村々の惣代」に選ばれました。翌月「湖辺村々連判定之事」の前文には直重の人柄といささかも名聞利用の私利私欲のない誠意が、関係村々の惣代に認められたことが書かれています。少し長くなりますが、次にその内容を掲載します。

「勢多川浚湖辺村々連判定之事」

一、湖辺の村々、近年少々の雨にても御田地へ水込み上げ、年増立毛及損毛候儀は全く湖水の引口勢田川筋より外に御座なく候処、年久しく御普請も之れなく、川筋諸川に谷々より土砂おびただしく馳出し、生立葦等多く之によって水不通に相成り候儀と、一統存居り罷り在り候へ共、一統困窮の砌、時節悪しく勿論先年より、毎度浚普請発願人も之れ有り候へども、何角覚束なく、勿論請負等も入用銀割賦の義如何か、是まで残念ながら一統取合待申さず、差ひかえ罷在候処、近年相続き水損に出会い御田畑は申すに及ばず、居家屋敷迄も水失に相成候村方も之あり、難渋至極に罷在り候。

然る処、高島郡深溝村太郎兵衛義、二条御役所表へ湖辺一同右水損難渋の儀、御嘆き申し上げ、右川筋大江川尻より川下関ノ津迄およそ六十町ばかりの間、所々新砂たまり生立葦等、自普請に浚取り、前々在来の川形に仕度段、湖辺一統の願にて出願仕度、湖辺一同へ相廻し申され、水場村々一統かねて願望の事に付き、太郎兵衛へ委細相尋ね対談を遂げ候処、太郎兵衛儀いささかも自分の名聞利用に相抱き候義も、これなく実意なる儀に相違之れなきに付き、湖辺水場村も右川浚え自普請の儀、得心し印形致し候、もっとも湖辺の村々二百余村これ有り候に付き、郡惣代相立て、この度惣代の者打寄り、右自普請の儀、事逐一談し熟議を遂げ候処実正也、依って決議相定候処左に書記し、後日に違存これなき様連判致しおき候事。

一、願の通り浚え御普請、仰せ付けられ下しおかれ候はば、土砂たまり深浅不同これなき事に候間、平均坪割六面を以って、不禄これなき様いたし、湖辺水所総高割に致し、場所割受け、其の地頭領分手前にて村々より人足差し出し普請出役致すべく候事。

一、出人足過不足の儀は、其の御地頭限りにて賃銀如何様とも相究め取立の儀、銘々御地頭限りに取引勝手次第に致すべき事。

一、艜船並びに鋤・鍬・鋤簾等の道具類は其の領分の村々出入足に応じ持参致すべき事。

一、御普請の節、川除御役人衆、談じ奉り候儀や、この儀は其の節、仰付けられの御様子次第に御願申しすべく候、並出人足に肝煎村役人等付添万事気を付け示し合い、麁末の義これなく、出精候様致すべき事。
一、御普請場所へ御普請小屋と申す義は致さず、御用掛御役人衆、艜船にて日々御普請場へ御出下され御支配を受け、御差別御帳面へ御付け下され候様致し度存念に御座候。この義、御普請仰せ付けられ候様子次第に相願い申すべき事。
一、川筋水際所々より柵等入用これ有り候はば、杭木竹の義は買い上げ、その代銀は湖辺水場総高割に致すべく候事。
一、土砂取り除き場所は、膳所御領分より外にこれなく候に付、右場所村々故障の有無の義、対談を遂げ、猶又膳所惣代中より、御地頭表へ御窺い申上候処、指構これなき段、仰せ渡され候えば、右場所村方において、いささかの故障御座なく候、即ちこの所に書記し、膳所惣代連判致され相違これなく候事。
一、太郎兵衛儀、湖辺一統の願いは勿論、大魁なる義引受け願出て候ては御公辺前如何しく存候間、双方惣代罷り出でくれ候様申聞かされ候に付、此度一統相談の上、右、太郎兵衛義、発願人に相立て村々惣代付添い罷出て相願申すべく候事。
一、両浦七郡水所村々、御地頭数多御座候に付、其地頭にて惣代村方罷り出ては多人数に相成り候間、惣代として一郡より二名宛罷り出てお願申すべく候事。
一、京都旅宿並びに往辺共、旅籠雑用等の義、銘々自分持ちに致し、勿論困窮の砌、難儀の余り、箇様に願出候事に候えば相互に万端相慎み倹約第一いささかも費がましき義、堅く致すまじく候、万一みだりがましき義これ有り候はば、其の本人御地頭表へ内々御訴え申す上げるべく事。
右の条々この度双方熟談の上、相窮候処実正成。此上は願の通り御赦免蒙り、右前件に洩れし儀は、其の節に至り万事、いささかの義にても、双方腹蔵なく熟談に及び相極め申すべく候。もっとも惣代の者勝手気侭に、自分の利用に相抱り候義申すまじく候。願の成就仕り候様、双方大切に相勤め申すべく候。後日のために湖辺村々惣代連判対談定書依って件の如し。

天明二壬寅年九月　　郡々惣代連判

この定めでは、費用や人足および船・諸道具類の分担方法についても詳細に取り決めましたが、その中で京都の町奉行所へ行くための宿泊や往復の費用については、各々が自分持ちにする。但しどうしても困窮することもあろうから、まずは倹約第一とし、無駄なことはしないとあり、陳情や嘆願の費用は自前でするというものでした。

天明の川浚え出願と下流域との折衝

天明2年9月25日、高島郡深溝村庄屋太郎兵衛ほか9郡惣代16名は、177カ村の連署を以て京都町奉行所へ瀬田川浚え自普請を出願しましたが、「沿湖一統もれなき出願でなければ聞き入れ成り難し」と却下されました。「不同意22カ村名を差し出せ」と指図があり、提出しましたが何の音沙汰もなくこの年は暮れてしまいました。

天明3年追願書を提出しましたが、下流の村々と対談して、差し障りがないことを証明するよう言われました。そこで出頭した太郎兵衛ほか9郡12名の惣代は山城の宇治川と淀川べりの代表と対談しました。しかし、いくら説明しても「土砂が流れてきたらどうする」と繰り返すばかりで、対談は不調に終わってしまいました。

天明4年2月京都両町奉行土屋伊予守と丸毛和泉守の連署で、「瀬

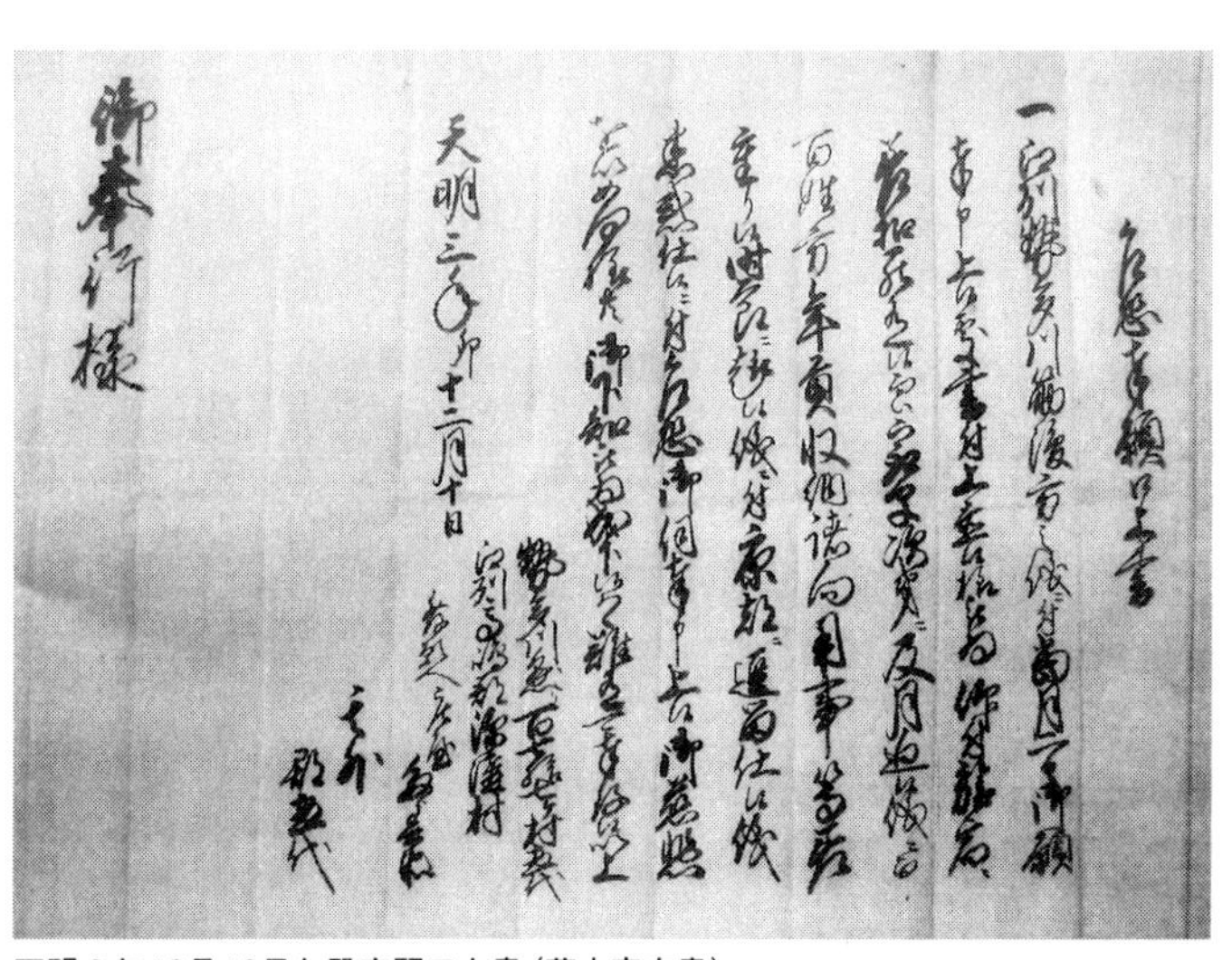
乍恐奉願口上書

天明三年卯十二月十日

御奉行様

天明３年12月10日乍恐奉願口上書（藤本家文書）

田川土砂浚えの沿革・湖辺177カ村の出願の事情・下流の村惣代との対談の不調内容などを詳しく書き町奉行が実地見分するので許可していただきたい」との伺書を京都所司代へ提出されました。

　この伺書には川下の村人に工事の立ち合いをしてもらうとともに、その往復費用は湖辺の村で負担するという条件を付けることにしました。

　それから3カ月後の5月18日に太郎兵衛直重ほか湖辺9郡12人の惣代は実地見分役人を大津代官所で迎えました。一行は京都東町奉行所の与力木村九郎兵衛、西町奉行所の与力中井孫助、同心寺田官左衛門、末谷新五郎ら4人とその配下でした。

　同日、調査を終えて太郎兵衛直重ら惣代連名で次のような一札を木村・中井の両与力に差し出しています。

　このたび瀬田川筋新洲たまりさらえ方の義につき湖辺177カ村惣代、村々の庄屋どもより場所ご見分願い奉候ところ、右御見分としておいで成し下され有り難く存じ奉り候、御見分中の旅宿、朝夕の賄い方木米代は、定めの通りお渡し下され候、右につき音物は勿論ご家来衆にいたるまでご馳走がましき義はかってつかまつらず。もし入用掛り物等取り集め候義、後日お聞きなされ候はばきっとお吟味くださるべく候

要約すると、村役人に賄賂やご馳走を求めず、費用はすべて奉行所から出していますと一札を出させるという、世情をうかがい知ることができます。

さて実地見分の終わった一行は、瀬田川べりの地元村々の惣代を呼び出し、川浚えを行ってもさしつかえ無いかどうかを念押し、物代たちはいずれも「支障がない旨」答申しました。史料によれば連印した庄屋年寄は本多千吉領分大江村・矢橋村・黒津村・大支村・関津村・鳥居川村・平津村・南郷村・石山寺領石山寺役者・寺辺村

でした。

天明の大飢饉と世情

京都所司代が動きだした背景には川方役人の横井磯右衛門の奔走が大きな力となっていました。直重は月に一度は京都へ出向き、横井磯右衛門に会って、その後の奉行所の動静を入手するのでした。

村を束ねる一庄屋の執拗なまでの熱心な行動に、川方役人の磯右衛門は「何がお前をそこまで突き動かすのだ」と尋ねるのでした。すると直重の答えは、「知行合一・致良知を説いた近在の小川村に住んでいたという中江藤樹先生の教えを及ばずながらくんでいるつもりです」というものでした。この教えは高島の風土が育てあげたもので、庶民に至るまで浸透しており、藤樹が亡くなり既に１４０年を経ていた直重にも強く受け継がれていたのです。

この天明の川浚え出願の時期は天明の大飢饉の最中でした。天明3年(1783)は、年の初めから異常気象で暖冬、豪雪地帯も雪が降らず、5月に入ると今度は冷気続きで低温、関東から奥羽地方にかけて大凶作、京滋地方や五畿内も寒い日が続き降雨が続きました。その上7月5日~7日にかけて浅間山の大爆発。同月24日には、北国・西国にかけて大風雨。凶作による餓死者や伝染病の死者は全国で数十万人にのぼりました。

湖辺の村々では天明2年水込み、3年7月大風、4年の大水込みは9月に引き、大凶作でした。このような状態にお上も対策を練らねばとの思いがありました。

天明5年の瀬田川半浚え

待ち望んだ瀬田川浚え許可の通知が届いたのは、天明4年

（1784）の暮れ12月26日のことでした。太郎兵衛ほか9郡12人の惣代は、京都東町奉行所へ出向きました。申渡書は詳細に書かれており、内容は「瀬田橋より上流は湖内に属するので下流の村々から支障を申し立てる筋合いではなく許可する。なお同橋より下流については上流の工事が終わってからの流水の模様を見たうえで、改めて出願するように。但し瀬田橋より上流の工事中に下流から何かの支障があると申し立てた場合は、工事の続行について沙汰することがあるかもしれない」というものでした。

177カ村の願いは瀬田橋より下流鹿跳までの砂洲の多い80町（80ヘクタール）の川浚えだったのですが、今回は瀬田橋よりの上流だけという許可でした。考えていた半分にも足りないものの、それでも琵琶湖の減水に役立つことは間違いのないことでした。

天明5年（1785）2月21日、足かけ5年間も待った瀬田川の川浚えがはじまりました。翌22日には、京都東町奉行所川方組与力・

木村九郎兵衛、同心・寺田官左衛門、入江吉兵衛、辻次三郎、筆耕・奥田九右衛門らが、棒引供回りを連れて、大津から屋形船・荷物船・供廻船をしたてて実地見分にやって来ました。直重をはじめ各郡の惣代12人が一行を出迎えました。まずは瀬田川沿いの石山寺に参詣した後、瀬田川左岸の大江川尻の普請場を見分しました。

しばらくすると、宇治川や淀川べりの村の惣代たちが毎日のように監視にやってきて、下流の支障になる工事をしていないか眼を光らせるのでした。また「ひどい川浚えをしている、下流は洪水になる」とあらぬ噂を湖水べりの村の者たちが広めるため、3月7日、与力末吉新五郎以下6人が改めて見分にやってくるという騒ぎがありました。

普通の川は、別に水路を掘り、土嚢で流れを堰止めて鋤簾や鍬で川底の土砂を浚えます。しかし、瀬田川のような大きな川は、長い板の先に川浚えの工具を取り付けた鋤簾を結びつけて引き、土砂をすくい揚げます。

しかし、大部分は幅153間（275メートル）の瀬田橋の上流の左岸である大江・橋本村側で縦160メートル、横30メートルほどの範囲に溜った土砂を浚えるのが目的でした。水の深さは1～2メートルの浅瀬で、春まだ浅い早春の冷たい川の流れの中に腰まで浸かりながら、鋤簾と鍬で土砂をすくい揚げ、岸から岸へ渡してある綱につないだ船に積み揚げ、その船を岸に着け、船に積んだ土砂をもっこに入れ担ぎ出すという方法で過酷な人力作業を続けるのです。

人足割当は計3万1443人の予定とし、千石につき286人としましたが実際は次の通りでした。

高島郡　8302人　　栗太郡　3421人
浅井郡　4275人　　志賀郡　1918人
蒲生郡　716人　　彦根領　1万4436人

野洲郡　２４１７人　　　　計　　３万１４８５人

川の両岸に小屋が建ち、人足たちはそこで起居し作業につきます。賄いや船の借料その他の諸経費を石高千石につき銀60匁、計銀６貫６００匁（５５０万円）の割合で割り当てられることになっていました。人足２人に付きもっこ１荷の割り当てで、軽いもっこを運んでいる人足は、見つけ次第罰するという湖辺惣代たちの厳しい申し合わせができていました。１日の実働の人足はおよそ７００人で、それぞれ苦しい作業を10日間も続けなければならないことから、日がたつにつれ不満の声や作業を休む者や現場を離れて村へ帰る者などが出てきました。自普請のため、専門の指揮監督者がいるわけではなく、郡惣代たちの指揮する作業は困難を極め、３月末で工事は一時中止しました。まもなく農繁期が始まるためでした。

それから１カ月後の５月、直重は大溝藩から呼び出されました。この度の瀬田川浚えにつき多年熱心に精を出し、その実現をみた功

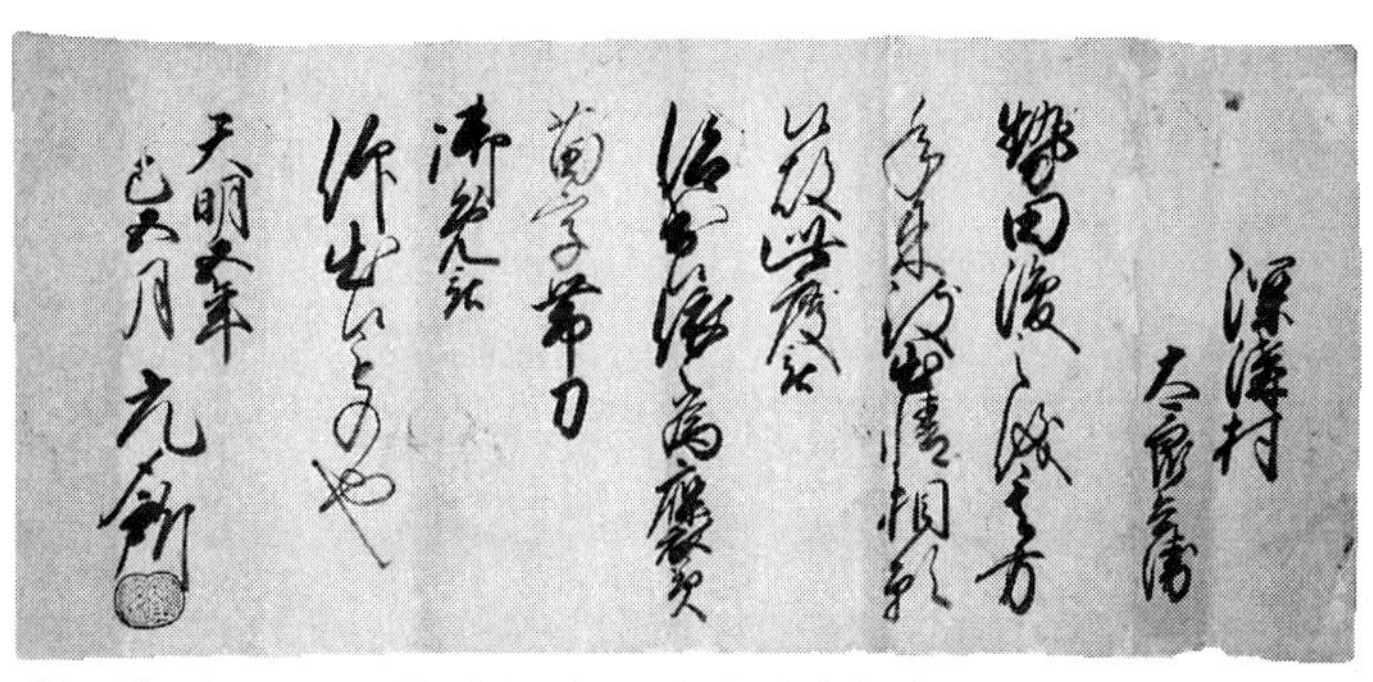

太郎兵衛に与えられた「苗字帯刀」の許状（藤本家文書）

績を認められ、大溝藩主分部光実から「苗字帯刀」を許されました。次に掲載するものは、その文書です。

深溝村　太郎兵衛　勢田浚えの儀、

其方年来出精致し　相願候故、此度仰出され候

之に依って褒美として　苗字帯刀御免仰せ出され候もの也

天明五年巳五月　元〆所㊞

今後も励んで事に当たるようにと藩主が庄屋に直接言葉をかけることは異例のことでした。光実は、のちに藩校修身堂を建て文武両道を奨励し、自ら倹約、粗衣粗食を実行し財政を建て直し、分部家中興の祖といわれた名君でした。

翌天明6年（1786）は正月から皆既日蝕という不吉な年明けでした。5月は冷害の前触れのような長雨で湖水は満水、湖辺の村々は冠水しました。

昨年は3月で中断した川浚えでしたが、この年は8月3日から9

月10日まで、途中8月16日を休んだ約1カ月間、人足割は2万2495人でした。自普請ゆえ、素人の村人だけでの工事のため、統制がとれなかったこと、前年人足割の約3割しか出さなかった蒲生郡が今回脱退したこともあり、2カ年で中止されました。

　また川浚えといっても、主として瀬田唐橋より上流、つまり湖内の浚えであって、他は瀬田唐橋下流左岸の別所川修復で下流に溜まった土砂を地元民が浚える助人足を差し出したに過ぎませんでした。

第三章　二代目命がけの駕籠訴

寛政の瀬田川下流川浚え出願

天明7年（1787）5月10日、17歳になった息子の重勝が父直重の跡を継ぎ、深溝村の庄屋になることが大溝藩庁で認められました。重勝に庄屋職を譲ったのは、過労による視力の低下でした。重勝は太左衛門重勝を名のることになり、父の意志を継いで川浚え工事に生涯を賭けることになりました。

直重は庄屋職を譲ったとは言え、寛政元年（1789）には、惣代達と相談し、課題である瀬田橋より下流の浚渫を再度願い出ました。「勢多川筋土砂揚ヶ場書上帳」には銀高343貫550匁（2億8629万円）とあります。11月中旬、代官中井清太夫を派遣しての実地見分があったものの、その後、不許可となりました。

既に1年経つのに無しのつぶて、視力の低下で外を歩くことも困

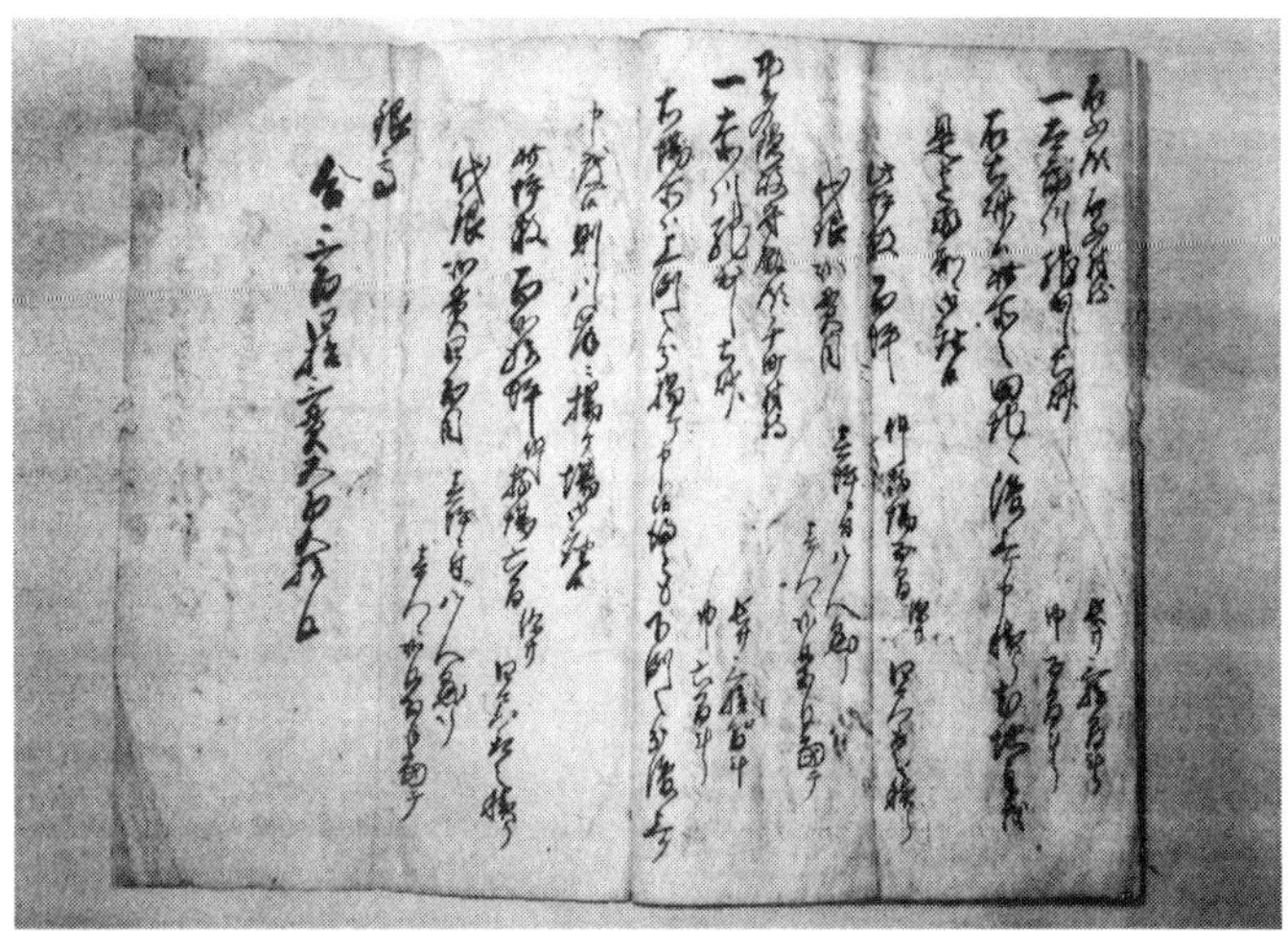

寛政元年11月「勢多川筋土砂揚ケ場書上帳」
銀高334貫550匁とあり（藤本家文書）

難になった父直重の代わりに重勝は苛立ちと焦りで京都へ行き、川方役人の横井磯右衛門に会いました。そして「江戸へ出て中井様の屋敷を訪ねたい」と願うと、湖辺の村方の惣代連署の嘆願書を携え取り次いでもらえばよかろうと助言してくれました。

こうした経緯で寛政3年（1791）7月大津の顕証寺において、湖辺の各郡の惣代集会を開くところまでこぎつけることができました。この集会で浅井郡の惣代新井村庄屋又兵衛の提案で「7郡の惣代14人が出府し、公儀（幕府）へ嘆願すれば良いが、費用がかさみ湖辺の村々が難渋となる。深溝村の太郎兵衛さんに惣代として一人出府願うのが良かろう」と一同が賛同し、又兵衛外七郡惣代12人よりの委任状を託されました。

決死の駕籠訴

10月10日、重勝は深溝村の年寄繁右衛門を伴い、矢橋から草津へ出て東海道を下りました。歩きと宿泊を重ね14日目に品川に入り日本橋付近の旅籠に宿をとりました。翌日、旅の疲れも癒えぬまま、中井清太夫の屋敷を訪ねていきました。

しかし、小石川同心町一帯の同心屋敷にはすでに無く、中井清太夫の屋敷は引き払われていました。江戸からの沙汰がないのは道理であったのです。頼みの綱が切れ、失望と落胆がいっきに襲ってきたのでした。中井さまにすがり、瀬田川浚えのことを公儀へ直接嘆願する道を失い、どうすれば良いのか頭を抱えたのでした。

この中井清太夫は天明の飢饉の時、甲府の農民にジャガイモ栽培をすすめ、地元ではこの芋を「清太夫芋（せいだいいも）」と名付けられたという人物です。しかしその後箱訴で訴えられ、重勝が江戸へ着く前の8月、罷免されたのでした。

悲嘆にくれた重勝は、こうなれば越中守さま（老中松平定信）へ直接お渡しするしかないと、大胆なことを考えました。地元の大溝藩をさしおいて、駕籠訴などしようものなら藩からどのようなおとがめをうけるかわかりません。

前回、元文の川浚えの際は箱訴でしたが、今回の駕籠訴とは定信が駕籠で登城するのを待ち受け、直々に願い出ることで、正式の手続きを踏まずに直訴することは禁じられており、打ち首覚悟の行動です。

定信の屋敷は、八丁堀のもみじ河岸に沿っており、重勝と繁右衛門の2人が泊まっている旅籠からそう遠くはありませんでした。登城の行列が辰の刻（午前8時）に屋敷を出て、申の刻（午後4時）過ぎに屋敷へ戻ること、行列の道筋などを確かめ、待ち受けたのです。

父の背中を見ながら暮らしてきた重勝のまさに必死の断行でした。幸いなことにお咎めもなく「嘆願の儀は、順序を踏んでその向きに願い出よとの仰せである。この書状を勘定奉行の久世丹後守さまに差出すように」と越中守の駕籠脇の侍は言って、行列に戻り、越中守の登城の駕籠はまた動き出しました。

勘定奉行久世丹後守の屋敷は牛込の揚場町でした。重勝は屋敷へ書状を携え、願い出た後、郷里へ戻りました。その後も勘定奉行久世丹後守に毎年出願を続けました。大溝藩に願書を出すと、藩の江戸屋敷、勘定奉行へという順序を踏むのです。しかし詮議中と沙汰のないまま久世丹後守は、寛政6年（1794）の秋には転役、重勝の駕籠訴は目的を果たすことができませんでした。

寛政3年（1791）から丸8年の歳月が流れました。その間、老中首座として11代将軍家斉の補佐役を務めていた松平越中守定信が辞職しました。定信が老中首座としての6年間は、田沼時代の賄賂（わいろ）

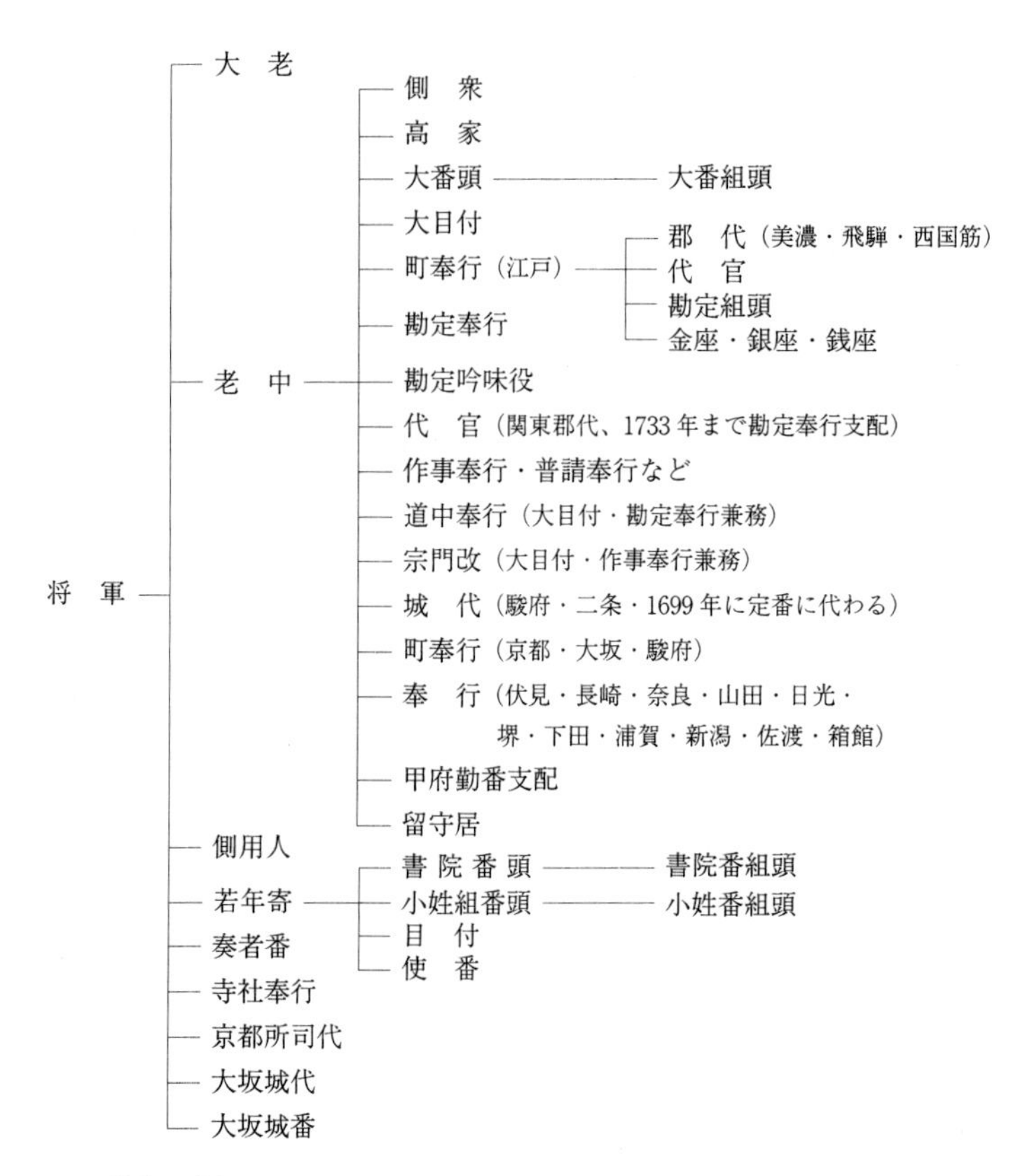
将　軍
大　老
老　中
側　衆
高　家
大番頭
大番組頭
大目付
町奉行（江戸）
郡　代（美濃・飛騨・西国筋）
代　官
勘定組頭
金座・銀座・銭座
勘定奉行
勘定吟味役
代　官（関東郡代、1733年まで勘定奉行支配）
作事奉行・普請奉行など
道中奉行（大目付・勘定奉行兼務）
宗門改（大目付・作事奉行兼務）
城　代（駿府・二条・1699年に定番に代わる）
町奉行（京都・大坂・駿府）
奉　行（伏見・長崎・奈良・山田・日光・
堺・下田・浦賀・新潟・佐渡・箱館）
甲府勤番支配
留守居
側用人
若年寄
書院番頭
書院番組頭
小姓組番頭
小姓番組頭
目　付
使　番
奏者番
寺社奉行
京都所司代
大坂城代
大坂城番

江戸幕府の職制

政治の不評を改め、幕府の綱紀粛正・赤字財政の建て直し、農村再建に重点をおきました。直訴があってもとりたてて咎めもせず、ほかの重役（老中）なら命のないものを懐の広い清潔な人物であったと伝えられています。

その後、勘定奉行は中川飛騨守に代わり、その後も毎年川浚えの嘆願書を出し続けました。

寛政の実地見分知らせがあれど

寛政11年（1799）6月勘定奉行中川飛騨守に提出したのは、願人庄屋太郎兵衛・年寄弥兵衛とあります。その文面は瀬田川浚えの来歴及び近年の水害状況を詳細に述べ、「私親太郎兵衛、元来発起人の事に御座候間、とやかく心配仕り、気病差し起り、その上眼病と相成り、終に盲と罷りなり云々……」と記し、苦難を訴えています。この願人の弥兵衛とは、共に江戸へ嘆願に行き、直重の手足となって働いた繁右衛門の子でした。

この願書は受理され、中川飛騨守の名で湖辺の水害の実情をもっとくわしく報告するようにと通達が届きました。そこで、「湖辺の状況は年々満水し、村の田地はしだいに沈没し、深溝村のごときは千石余の村高に対し、わずかに13石の収穫しかない、水害の甚だしきをみるべし……」と惨状を述べています。しかし、見分に来るはずの役人が病気のため中止となってしまいました。

翌年3月、中川飛騨守から愛宕下にある大溝藩江戸屋敷へ、「普請役の石川勘太夫と林又太郎を、実地見分のため派遣する。但しこれは、御用ついでに伊勢から巡回させるものである」という意味の通告がありました。江戸屋敷から大溝陣屋へ伝えられ、重勝のもとに知らせがあったのは3月20日過ぎのことでした。

重勝は年寄弥兵衛を伴い、前もって四日市まで挨拶に出向きました。４月15日に瀬田川筋の見分が行われることになり、湖辺の村の惣代は待ち受けましたが、林又太郎が病気で江戸へ帰ったため、一人では見分ができないとのことで延期となりました。

６月には弥兵衛外二人を江戸へ遣わし、勘定奉行の屋敷へ再三足を運び、いつ頃に見分願えるか伺ったものの、「遠からず見分するので立ち帰れ」といわれるばかりでした。しかし、その後何ら沙汰もなく、その年は過ぎていきました。

享和初めの出来事

享和元年（１８０１）10月には湖辺村々惣代から瀬田川浚願書を差し出すにあたり、関係各領主からも願い出てもらうことにしました。このことで膳所から「川浚え差し障り九項目」が申し渡されてきたため、約束を違え背くことはないと返書するのでした。

そのころ、幕府では瀬田川浚えには無関心ではないことを示す事態が起こりました。それは、幕府の勘定奉行傘下の勘定組頭・田口五郎左衛門、普請役足立久大夫ほか二人が河内地方の淀川筋の見分を行うなか、淀川べりの農民から「瀬田川の川浚えを許される事になれば、下流の村が水害となるので淀川も共に普請してほしい」との願いがあったことでした。

江戸表では、勘定奉行中川飛騨守が大溝藩の江戸屋敷の留守居役に「このたび、淀川筋の河内地方へ見分を遣わしているので、瀬田川も共に見分させたいが両方の見分は無理なことで、来春早々に役人を差し遣わす」との通知がありました。このことが、早飛脚で大溝陣屋に伝えられ、重勝へ申し渡され他惣代らはこれを聞いて安心したのでした。

この年の暮れ12月26日に、淀・郡山・膳所・大溝4藩の連署で勘定奉行中川飛騨守へ「江州高島郡深溝村の庄屋太郎兵衛が、湖辺の惣代として出願している瀬田川浚えについて、去年に御用ついでに見分していただけるという達しだったのに、故障のため延期になっている。年々溢水（いっすい）が続き水腐地が多く百姓共が難渋しているので、惣代として太郎兵衛を出府させるので、詳しいことを聞き取り早く見分願いたい」との願文が提出されました。このように4藩からの強い後ろ盾を受け、重勝も年寄弥兵衛連署で長文の書状を提出しました。

ところが享和2年（1802）7月、大雨洪水に見舞われ、江州・山城・摂津・河内は未曽有の水害を被り、堤防決壊、人家の流失、死傷者多数、田畑の荒廃など目も当てられない惨状となり、結果見分は見合わせとなりました。

この年の11月13日、瀬田川浚えに半生をかけた直重が息をひきとりました。享年74歳でした。村にある観音堂（知足軒）で盛大な葬式が営まれ、藩の重鎮も参列されたそうです。そして近くの井ノ浦橋

太郎兵衛の墓。後ろには湖岸堤ができ、前は湖が見渡せる

から、お棺（柩）を舟に乗せて川を下り湖岸の中川墓地に埋葬されました。湖辺村々の農民の先頭となった初代太郎兵衛直重でしたが、その成果を見届けることはできませんでした。

工事は淀川と同時にとのお達し

その後、江戸の勘定奉行所へ膳所藩本多家の家老石川運と大溝藩分部家の家老三宅頼母が呼び出され、「瀬田川の川浚えについて出願の場所を見分のため御普請役元締め石川勘太夫、御普請役・山田周蔵、同・根立卯八を派遣するので、関係の村々へ通達するように」と申し渡しがあったのは、直重が逝ってから半年後の享和３年（１８０３）５月３日のことでした。

５月半ば、重勝、八木浜村の宗右衛門、針江村の徳兵衛、赤野井村の半右衛門の４人が四日市まで出迎え、その他の惣代約30名は絵

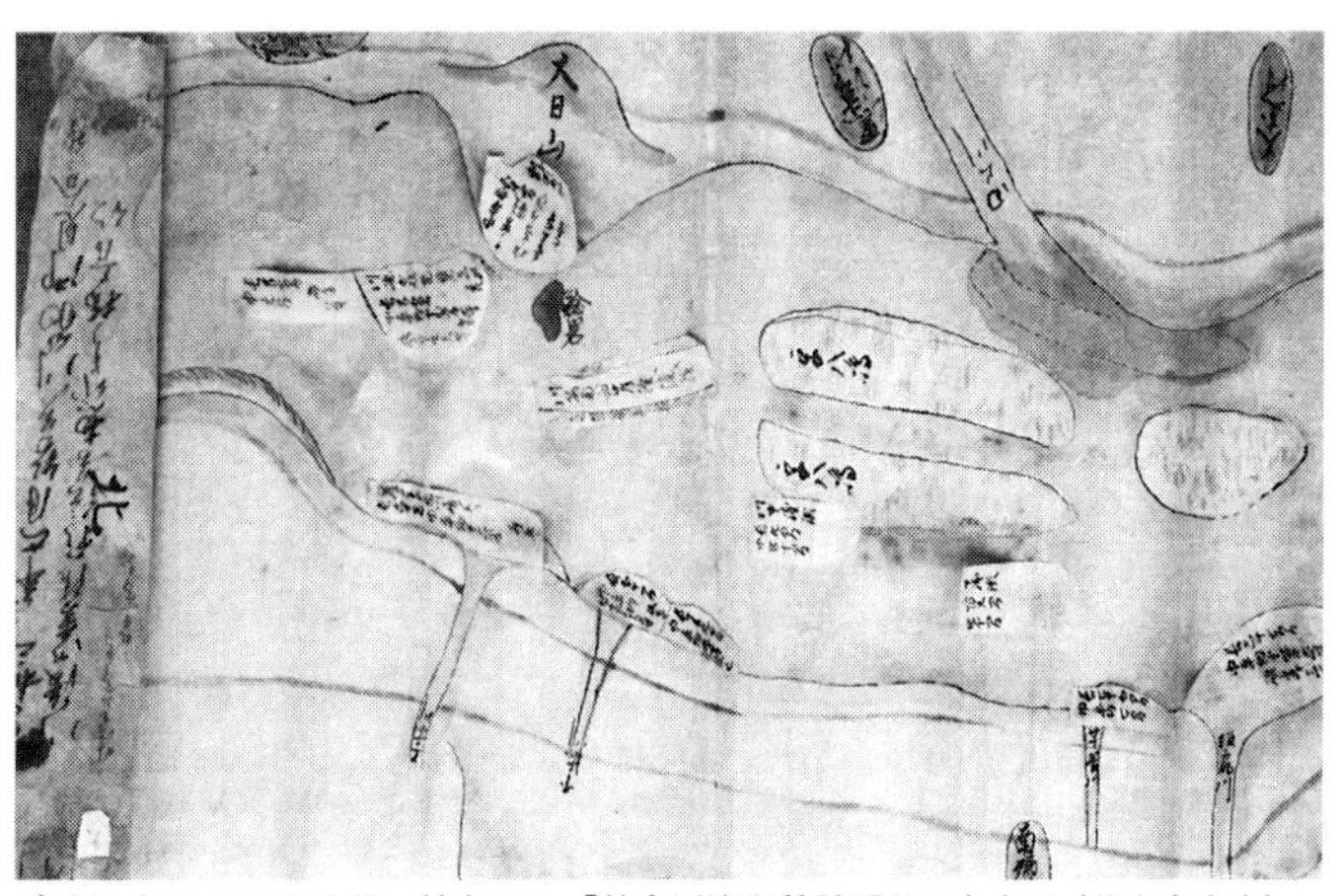

享和３年６月に見分役へ持参した「勢多川浚御普請願絵図」部分（藤本家文書）
絵図の端には「勢多川筋御見分ニ付き川浚御普請願絵図惣代より指上候」と書かれている。八島付近は田上川をはじめ、河口には土砂が堆積し、八島北にも洲ができている

図を用意して瀬田川の雲住寺で待ち受けることになりました。６月5日、見分役人６人が到着。大津代官所石原清左衛門の手代・内掘繁太、膳所郡代、蒲生郡惣代、彦根藩領惣代も次々と集まりました。見分は12日から開始され、滋賀郡別所村から湖岸を北へ堅田・大溝をへて高島郡・浅井郡・坂田郡・犬上郡・愛知郡・神崎郡・蒲生郡・野洲郡・栗太郡と琵琶湖を1周しての湖辺の水害地をまわり、25日に瀬田に帰着。その後、瀬田川筋の普請出願場所の実地見分を7月7日に終えました。

その後「15日から淀川筋の実地見分を行うので、瀬田川浚えの普請目論見書をまとめて出すように」といいました。

雲住寺へ戻り庄屋たちと目論見書を作り提出しました。その時の写しを要約すると次のようになります。

唐橋から関津村までの瀬田川へ流れこんでいる大江川・別所川・篠部川・太郎川・池谷川・上赤川・下赤川・芋谷川・坂尻川・鐔子ヶ

谷川の10の支流と中の瀬・八島・北の洲・西の洲などの中の洲の浚渫など、人足延べ32万4491人を動員し、その費用は5616両（2億8080万円）に及ぶ計画のものでありました。これにより翌文化元年（1804）に再度実地見分が行われ、瀬田川浚えの許可が出る運びとなりました。

しかし淀川筋から「工事を共にせよ」との申し出があり、両方同時の工事は難しく、結局、瀬田川浚えの着工まで認められず延期となりました。淀川筋の村々から上流のみ浚えて下流はそのままでは、水害をうけ淀城も浸水被害をこうむるというのです。淀藩主は稲葉丹後守で京都所司代を兼務していました。自分の領民の要請に応え、町奉行に申しつけ公儀へ伝えたため延期と決定されたのでした。湖辺村々は川浚え許可を渇望していただけに何の指図もなく空しく時が経過しました。重勝の失望と落胆も大きなものでした。

しかし、また執拗なまでに京都所司代配下の京都町奉行宛の願書を書き、京都へ足を運び提出しました。文化元年に出した願書は、川浚えについての考え方7項目でその要旨は次の通りです。

一、瀬田川には、かねて定められた定杭があり、今回出願している川浚え工事は川幅を広げるものではないので、砂溜まりの場所を浚えても、しばらく多量の水が淀川へ流下するが、いったん湖水の水が落ち切ると、これまでと同様に湖の水位が低くなると、秋の大水が湖に溜まって淀川へ急に流下しない事になる。

一、瀬田川へ流入する支流の川先を堰き止めせきとめ、場所によっては左と右に川先を振り替え、土砂が急に落ちないように設計するので、土砂留めと同じようになり、土砂が瀬田川へ流失しないので、下流の土砂も減り、淀川筋に有利となる事。

一、滞砂のため瀬田川の水位が1尺高くなると、湖の水位も1尺高くなり沿湖の村々が難渋する事。

一、瀬田川筋には、銚子口または鹿跳という関門があって、そのところで自然調節が行われている。下流に害を及ぼすことはないはず。十里二十里離れているので、その様子のはっきりわからないのは嘆かわしい事。

一、木津川は淀川の支流第一の大川で、大雨大水のときは、おびただしい土砂を流出するが、この川は一時水ですぐに平水に復し、平素の流水は土砂を流出する力はないが、瀬田川は常水が多いため通船の便もあり、平素に停滞する土砂を流出する力もあるので、瀬田川をきらう下流の気持は理解に苦しむ。

一、瀬田川がだんだん埋まり、淀川のほうへ水が行かなくなると、土砂を流出する水がなくなり、淀川は一カ年にして川床が高くなる。

一、以上のような次第で、元禄年間に瀬田川浚えの先例があるが、その後下流が故障を申し立てたため実現せずにいる。このままに捨てておくと、湖の水位はますます高くなり、湖辺の村々は勿論、さほどでなかった村の田地もすべて流亡することになる。

このような理由により、速やかに瀬田川浚え許可をしていただきたい。

文化元年八月

湖辺村々惣代　連印

2代目の死と惣代達の後ろ盾

17歳で庄屋を引き継ぎ、22歳で父に代わって江戸へ赴き、籠訴までしての嘆願、直重が亡くなってわずか5年というまだ37歳、これからという若さで重勝は文化４年（１８０７）１月６日病に倒れました。

死因は過労による労咳（結核）でした。三代目太郎兵衛を継ぐべき清勝は、直重が亡くなった年の享和２年（１８０２）の誕生で、その時まだ５歳の幼児でした。

これまで太郎兵衛に関する伝記では、「清勝は父没年の春から遺志を継いで、説得に歩いた」と書かれたものがありますが、それは到底無理なことです。また、年齢等を考え、太郎兵衛４代で成就したと書かれたものも見受けられます。

父重勝が亡くなった年の春から、名義人は三代目太郎兵衛（清勝）としているものの、実は湖辺各郡の惣代達が手分けして、下流淀川筋の村々の了解を得るため説明に歩き、そして願書を出し続けたのです。

同士の人々のその道理と誠意ある説得の甲斐あって、文化４年４

月には淀領内城州紀伊郡惣代、横大内村庄屋五左衛門・冨森村同彦右衛門・納所村同権左衛門の連名での口上書を受け取り、8月江戸へ出て重ねて嘆願しました。「百姓は相互之義候故」つまり同じ百姓同士助け合い、今後は反対しないと書かれていました。

文化4年以降の嘆願

先にも書いたように、願人は太郎兵衛の名を記していますが、動いたのは湖辺の惣代でした。文化4年、5年は針江村の清次郎と、湖北浅井郡川道村の橋本清蔵の名前が見え、江戸へ出向いて沙汰のあるまで何カ月も逗留している様子がわかります。

文化4年7月　奉行所宛に出願
8月　江戸表へ出頭（針江村年寄清次郎、浅井郡川道村橋本清蔵）。幕府はロシア船来航を理由に回答無く帰村。

5年1月　「田畑は申すに及ばず、人命にかかわることなので、普請御下命ありたし」と口上書を提出（清次郎）

2月　分部藩、郡山藩の江戸屋敷から出願。

5月　清次郎の母、病気のため帰国し代役を江戸へ。

9月　代役（横江村年寄吉兵衛）江戸表へ。

12月　「取調べ中なので、一旦帰国して命を待て」とのことで、帰村。

その後も何度となく嘆願を続けた結果、文化10年（1813）6月に瀬田川筋から川下の淀川筋までの幕府見分が行われました。瀬田川を浚えても、下流の害にならないことを見極めて帰府とあるものの、その後の沙汰はありませんでした。

文化14年（1817）11月に提出した口上書「勢多川一件再願書付

写」には第1項より第9項まで瀬田川浚えおよび出願の沿革を詳しく書き連ね、10項で「右、瀬田川浚えの一件、初願いより40余年に相成り、時節到来、御聞済みにて、すでに御普請仰付られるところ、なおざりになっては、もはや永久にできないでしょう。大雨ごとに瀬田川は埋まり、湖水高が増すばかり、水場村が増し一国の大難になり、人力ではどうにも出来ないのではなく、わずかの費用で莫大な国益になりこのたびやらなければ数万人の憂いが増すばかりです。早く着工できるようにお取り成しをお願いしたい」と悲痛な文面があります。彦根御奉行様宛で、願人は太郎兵衛と記し、八木浜村庄屋宗右衛門・川道村庄屋清蔵の名前で提出しています。

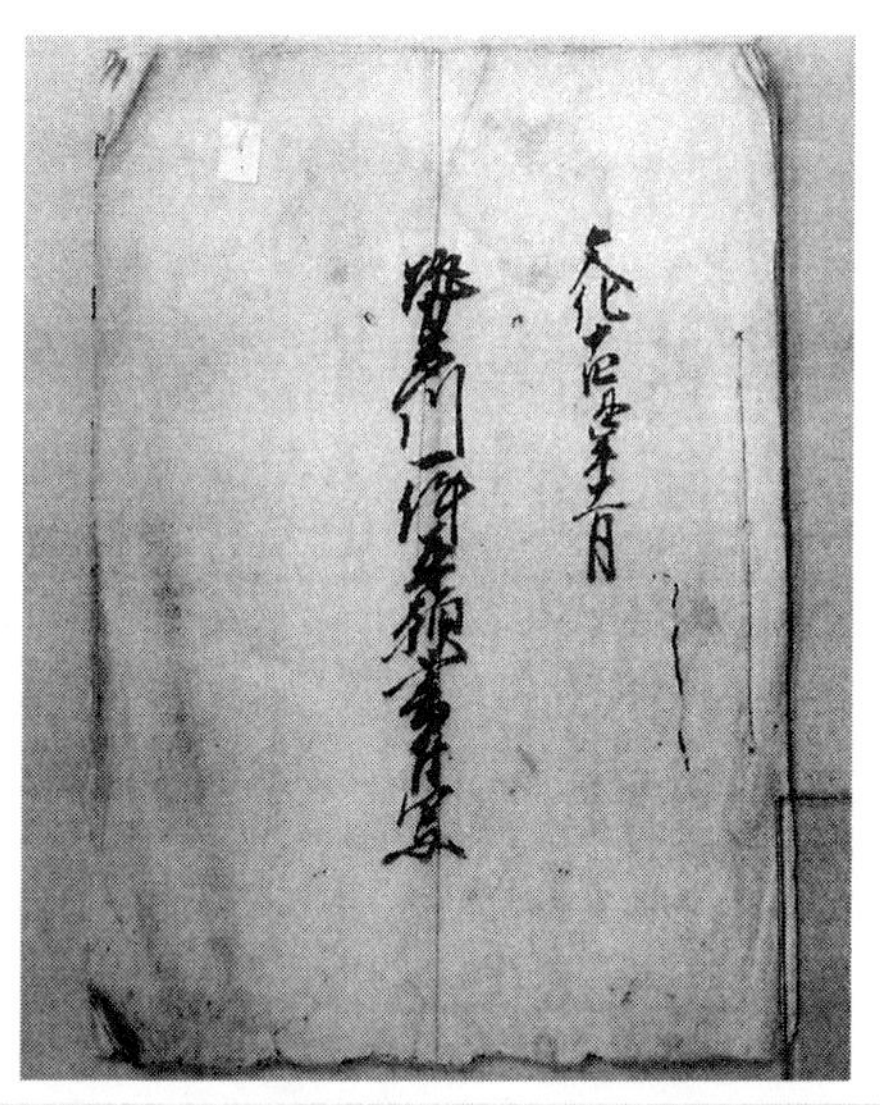

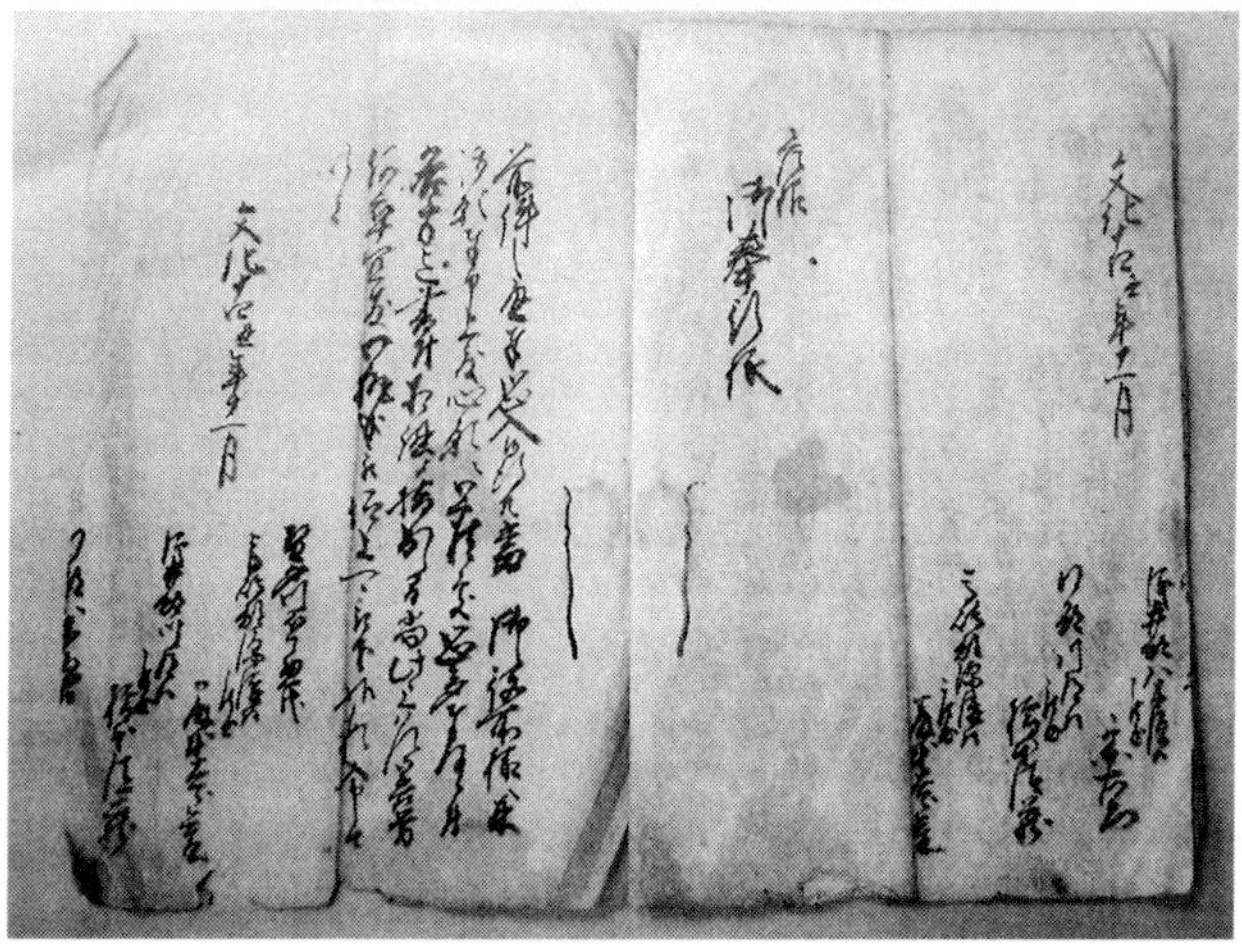

文化14年11月「勢多川一件再願書付写」（藤本家文書）

第四章　三代目で宿願達成

川浚え許可への曙光

清勝が22歳になった文政7年（1824）6月、瀬田川浚え普請の曙光がみえてきました。同年3月に膳所奉行所へ目論見書「勢多川浚御普請積仕法書」を提出したところ、幕府の勘定奉行所で取り上げられたのです。それは最初に半浚えを試み、後で本浚えをするという計画で、規模を縮小し、費用も3分の2に軽減したものでした。同年11月14日、膳所土砂奉行高岡市郎右衛門・手代伊藤五百司らが瀬田川浚え普請所を内見分し、清勝・浅井郡津里村清兵衛・栗太郡下笠村治郎助の3人が案内を勤めました。同時に清勝に加えて5郡8名より公儀及び膳所奉行へ、前記の目論見通り自普請で行うことを提出しました。

内見分の後、翌8年正月、清勝は志賀郡別所村庄屋久蔵・浅井郡

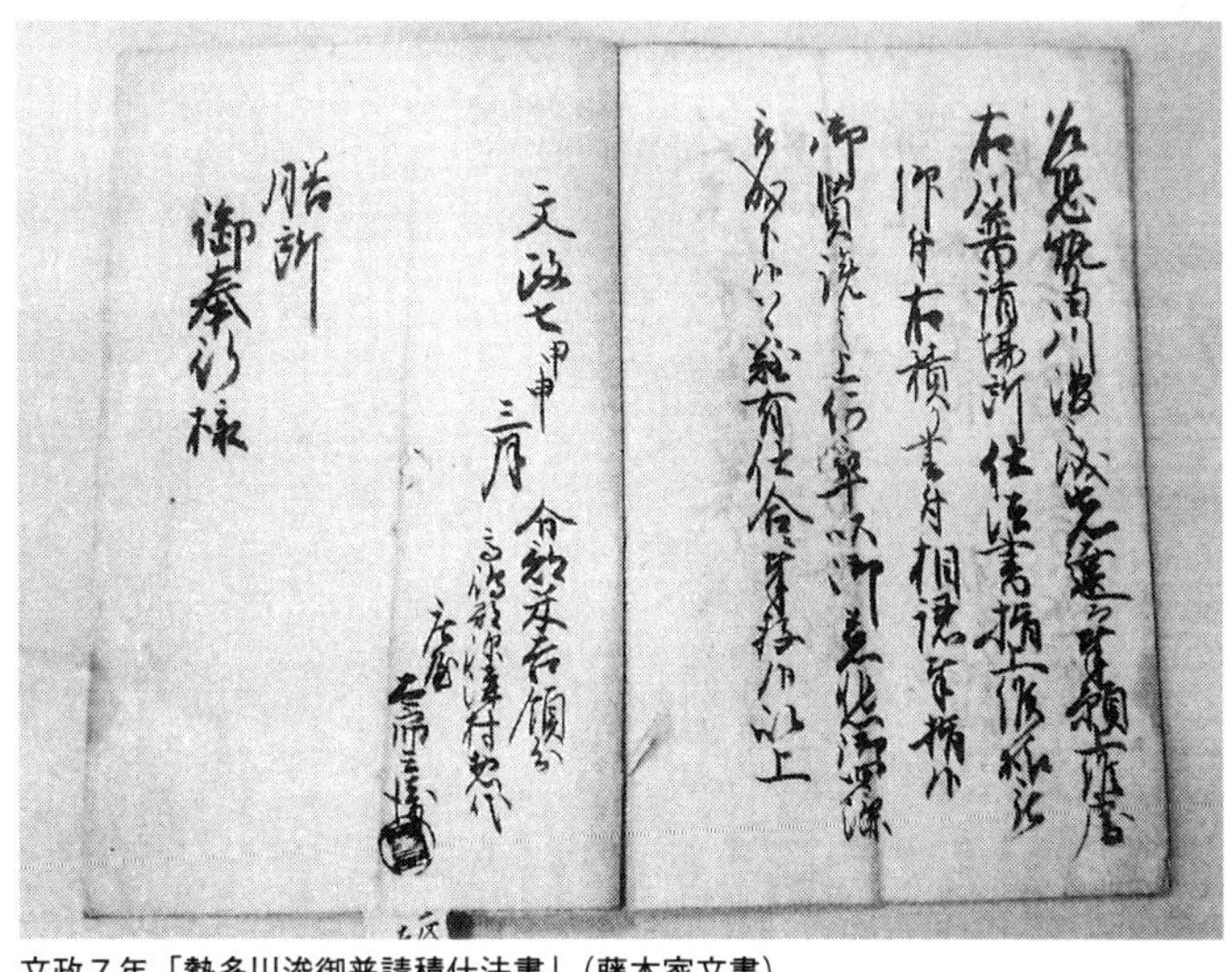

文政７年「勢多川浚御普請積仕法書」（藤本家文書）

津里村庄屋清兵衛の３人で出府し重ねて勘定奉行に嘆願しました。その中で、川浚えをしても、湖水を引き入れる彦根城の堀の水が減水し干上がって要害にさしつかえるという心配のない事を強調しました。近く大老職に就くであろう彦根城主（井伊直亮）に気遣ったものでした。

その結果、先の天明の川浚えの際には当初反対していた彦根藩領の村々があったため、藩庁自ら川浚えに協力するようにと通達が出されました。

文政９年２月には、志賀・栗田・野洲・蒲生・浅井・高島の郡惣代10人（高島は西浜村庄屋治郎助、知内村庄屋市郎右衛門、針江村庄屋清次郎）は改めて清勝に「湖辺一統の惣代」になって欲しいとの一札を入れました。

３月には、銀２００貫目（約1億６６６７万円）を大津にある紀州藩御用達の浅井屋源兵衛から借用する話し合いもつきました。許可が下りた場合には幕府へ先に保証金を納めるということです。保証人の一札を入れたのは、針江村庄屋幸左衛門・深溝村発起人庄屋太郎兵衛・小川村庄屋喜内・知内村庄屋市郎右衛門・西浜村庄屋治郎助と浅井郡惣代の津里村庄屋清兵衛・八木浜村庄屋宗右衛門・川道村清蔵の8人の郡惣代連名で承諾を得ました。

6月には、3カ月前提出の同じ願書に、湖辺の各藩の重鎮の添え書きを重ね奉行所へ提出しました。このことにより10月の大津代官所より村々の同意・不同意の調査をし、結果は次の通りでした。

勢多川浚湖辺村々同意・不同意書分帳

村数197カ村の内

　　同　意

彦根様御領分　62カ村

栗　太　郡　　10カ村

野洲郡　2カ村
蒲生郡　9カ村
坂田郡　1カ村
浅井郡　15カ村
高島郡　33カ村
志賀郡　21カ村　153カ村（但し内21カ村が不同意をいいかけている）

不同意
野洲郡　10カ村
蒲生郡　12カ村
神崎郡　1カ村　23カ村

このとき江戸表から、清勝と八木浜村宗右衛門・川道村清蔵の3人が呼び出されました。そこで先のことを幕府勘定奉行に報告しました。すると「21カ村が不服を申しているが、これを除く132村で負担金を賄えるのか」ということでした。そして「大津で借金をするのでは、遠方で日数もかかり手違いも起こりやすく何かと不都合、江戸の近くでせよ」というものでした。三人は困惑し、大溝藩江戸屋敷へ相談しました。

すると、鎌倉五山のひとつ、浄妙寺の塔頭、直心庵を紹介されました。直心庵の僧は太郎兵衛の従弟の縁故であり、瀬田川浚え願いの件も承知していました。ちょうど堂宇の再建費用を積み立てているところとのことで、この積立金の一部を借用斡旋してもらうことになりました。

文政10年（1827）、数十年来湖辺の村々が願う瀬田川浚えも時機が到来してきているのか、江戸表勘定奉行所において段々詮議され見分役人を派遣することとなりました。4月25日、勘定奉行遠山左衛門尉景晋（奉行遠山金四郎景元の父）の名で、琵琶湖岸に領地をもつ各藩の留守居役が大手番所勘定所へ呼び出され、勘定組頭辰井源左衛門から次の通り申し渡しがありました。

「瀬田川浚の自普請の場所を見分し取調べのため、勘定方の池永鉄之助に普請役の者を同伴させ、領分の村々へ差遣わすに付きその旨を村方へ申し渡すように」

　これは老中水野出羽守（忠成）より遠山左衛門尉を通じてのお達しであるというものでした。

　その勘定役池永鉄之助が普請役大木三七郎・渡辺啓次郎・楢原百之助を同伴して、大津へ着いたのは5月17日のことでした。清勝が大津へ駆けつけ、惣代として何かと奔走したといいます。一行は大津に着いた翌日から、湖辺各村の惣代を大津代官所へ呼び出し、水害時の被害状況や自普請工事を了解しているのか村々の事情を聞き取りました。聞き取りを終わると、6月17～20日まで現地調査を行いました。今度の自普請は老中から勘定奉行を通じての達しで不同意の村々も理解するようになりました。この時、先規にならって石山寺へ「瀬田川筋洲浚の見分を済ませ、洲浚えを許可された節は寺領の川筋の新洲も共に浚え田地に障りがないようにいたします」と一札を差出すことを清勝は忘れませんでした。

常態化していた袖の下

当時、公儀の出張役人に見分済みの村々より礼納金を出すことが心得として押しつけられました。礼納金とは、つまりお礼の金と称する袖の下を公然と強要するものでした。8月14日の記録では、惣代たちは入費借用に奔走し、勘定役の池永に50両・普請役3名に各30両との相場で、その他供廻りの者の分などを含め、なんと合計178両3分（894万円）を礼納金として差し出しています。

多年の瀬田川浚えも容易に許可されない願人たちには失費少なく

ない中での出金、またそのための金策に惣代たちは怒りに燃えながら苦慮したことでしょう。見分役人たちは、瀬田川筋を済ませると川下の淀川筋の見分に移り江戸へ帰りました。

淀川筋の村々から不服の申し出

ところがこの文政10年の川筋見分は瀬田川浚えを前提とするものであったため、淀川筋から不服の訴状が奉行所に次々と寄せられました。翌11年（1828）9月には山城の紀伊・乙訓の2郡、摂津・河内の淀川筋など605カ村による書面が出されたのです。

文政12年（1829）11月には反対の中心となっている淀川筋の宮家領や公家領（九条家）の百姓が反対を言い出しました。そこで清勝らは京都の宮家筋を訪ね、川浚えの内諾を取り、九条家に直接願い出て湖辺の実情を訴えました。

翌天保元年（1830）2月、奉行所へ次の3名が願書を提出しました。

江州高島郡深溝村、分部左京領分、

　湖辺村々惣代　庄屋　太郎兵衛

松平甲斐守領分　浅井郡津里村

　庄屋　清兵衛代　新次郎

水野越前守領分　浅井郡八木浜村

　庄屋　宗右衛門代　年寄　宗兵衛

その内容は、「去る文政10年老中からの達し見分の実施で、川下の宇治・伏見・淀城下より大坂まで300余カ村まで問題なし、反対の諸家も理解し九条家以外は支障なし。九条家には、自普請の川浚は第一国益と人民救済の趣意（目的）をねばり強く説明したところ、反対は本意ではないと了解。どうか川浚えの指図を格別の情けと哀れみをもって速やかに出していただきたい」というものでした。

同6月14日、水野出羽守の御指図で勘定奉行から領主留守居を召し出し、やっと勘定大竹庄九郎ら幕府役人の再見分を行うというところまで来ました。池永らの見分から大竹らの再見分までに3年もの月日が流れていました。

半年後の天保2年（1831）正月、水野出羽守御指図により、勘定奉行土方（ひじかた）出雲守から湖辺村々の領主に対して、川浚えの許可をするという次のような申し渡しがありました。

「江州瀬田川筋付洲浚え自普請、願いの通り仰せつけられ、石原清左衛門掛（かか）りとし、工事中は立ち合いとして御普請役を差遣わされるので、そのことを湖辺領分村々へ申し伝えるように」

これこそ、天明3年（1783）以来50年間、待ちに待ったうれしい報（しら）せでした。永い年月、執拗なまでに願い出た瀬田川浚えは、ここに初めて許可され、関係者は感涙にむせんだことでしょう。

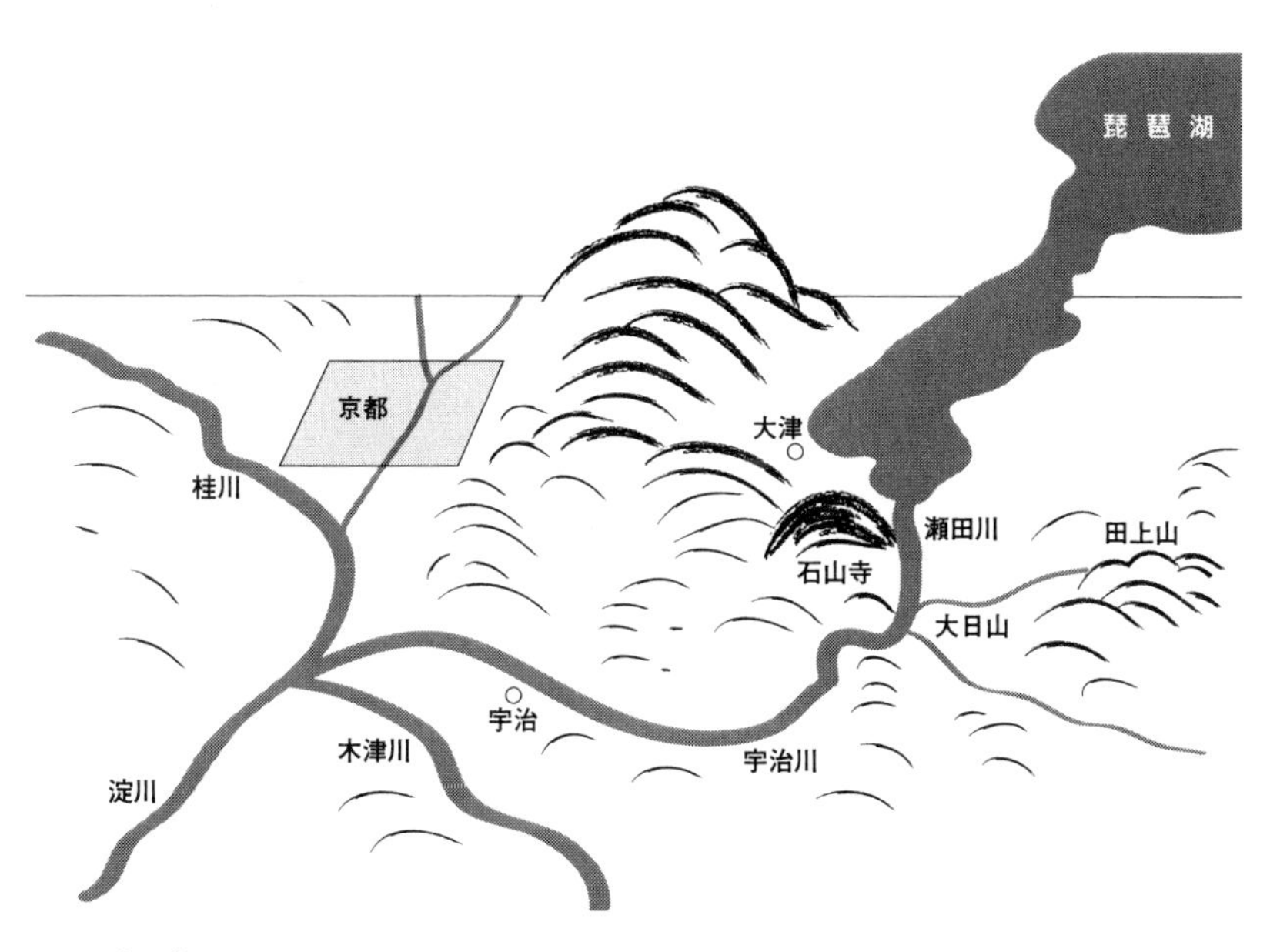

琵琶湖の落ち口

天保2年の瀬田川大浚え

三代目太郎兵衛（清勝）も、既に29歳になっていました。天保2年（1831）2月4日、京都町奉行所から、瀬田川の自普請川浚えについて、大津代官石原清左衛門が掛りを仰せつけられたので、このことについて清左衛門の指図を仰ぐようにと湖辺の村々へ触書が回されました。

2月10日、湖辺の村々では、自普請川浚え費用を3カ年分割で遅滞なく負担しますとの契約書を庄屋・年寄・百姓惣代連名で大津代官所へ差し出しました。

2月16日、普請役宮田官太郎・鶴木兵助が江戸表で瀬田川掛りを命じられ、大津代官手代三好順之助・舟橋作助・膳所藩士西原長蔵も同じ掛りを命じられました。また勘定役大竹庄九郎と普請役は宇治川・淀川・神崎川・中津川を巡検の後、瀬田川を巡検するよう命じられました。２月下旬から工事にかかり、４月10日までに完成予定で、尾張国知多郡萩村の黒鍬頭次郎兵衛・栗太郡橋本村新屋伝次・高島郡知内村八兵衛・同郡深溝村市兵衛４人の請負人が指名され、大江地先から関ノ津までの28カ所に及ぶ川浚工事場所も指定されました。因みに黒鍬とは、土木工事に長けた知多の技術職人の事で、今回は指揮監督できる専門職を請負人として加えたようです。

幕府はこのように、大津代官石原清左衛門を瀬田川浚渫工事の責任者に任命し、監視人として大竹庄九郎を差し遣しました。工事は順調に進み、わずか50日間で大工事が無事竣工しました。５月に提出された竣工届によると、次の通りでした。

大工　　　　２７人
人足　　　　３１万１３７７人
工事費　　　６０００両　（3億円）

雑費　　　　　1654両（取替または借入諸入用）

総経費合計　　7654両　（3億8270万円）

また、経費は各村の石高に応じて分担し、2～3年の割賦支払いとしました。

享和2年（1802）の際、膳所藩より供御瀬についての申し渡しが出されていたため、今回もこの場所へ配慮をすることを示す次のような湖辺村々惣代連印の書付があります。

勢多川掛御役人中様

乍恐以書付奉願上候

一、勢多川筋字八島西川中付洲浚御丁張御座候この節取掛り居〆切ヨリ上続キニ四拾間程寄洲有之水行第一之差障リニ御座候ニ付右ノ内供御瀬御巡視之場所相除キ其余寄洲之所浚方奉願上候……

天保二卯年四月　　　　　　　物代連印

幕府は、2章でも記したように、供御瀬については重要な場所であったため、膳所藩が監視、彦根藩が管理をしていました。

元禄12年に八島は2つの細長い島にしましたが、田上川との合流地点でもあることから、下流の奈良島までに新たな洲や芝地ができており、瀬田川にそそぐ河口には土砂がたまっていました。そこで川浚えによって、堆積した土砂を取り除くとき、川中に土砂が流れ落ちないよう重ねて厳重に配慮しました。そのために天保2年のときは大工が20数人参加して切り取る部分の周囲に大量の柵を打ちこんでいます。村々から石高によって割り当てられた人夫は、2人につき鋤1挺・鍬1挺・鋤簾1挺・もっこ1荷・棒1本を持ち込みました。湖辺郡惣代たちが川浚えにあたって諸準備したものは次のようなものです。

浚御用幟　6本
並（普）船　250艘
水車　20挺
縄　50貫目
掛合槌（つち）　50挺
鋤簾　500挺
金だも　300挺
杭木　1645本
葉唐竹　3万5272本
粗朶（そだ）　867束
明俵　1652俵
出張小屋　6カ所

1人足数の割出は、別表のように浚渫箇所の土地の縦横深さを確定し、坪数と土の硬軟によって算出されました。そして、各持ち場には担当の惣代を置くことにしました。

また、川浚えについての申合せ事項も決められました。

○小屋場に詰めている湖辺村々代表は、明け六つ（朝6時ごろ）に持ち場へ行き、合図の盤木で作業開始や小休止をする。終了は七つ時（午後4時）とし、合図に従い、人夫に道具を小屋に運ばせ引取らせる。

○作業中は軽もっこを持ち運ぶものがないよう、鍬を持つものには土砂入れを念入りにするよう厳重に申しつけ、惣代は土砂取場所をたえず見廻るようにし、途中土砂をふるい落さぬよう注意する。

○川浚え中は、万事対立が無いようにし、勝手な行動を禁じ、作業場での酒宴や長話は慎み、無益な出費を抑える事。惣代や工事引受人は、印の笠を晴雨に関わりなく被り、代官や勘定方役人が見廻りに来てもいちいち脱ぐには及ばない。

川浚　人足数の算出（天保２年の例）

箇　所	浚長間	平均横	深　尺	坪　数	１坪掛の人足	人足数
別所川堤 他１番	77	14	4	718.7	土砂堅場13	9,343
太郎川尻	765	14	3	535.2	12	6,426
大日下	40	11.5	2	153.5	18	2,760
八重西	60	45.5	3	1.365	25	34,125
芋谷川尻	67	8.5	2.5	237.3	11	2,610
赤川尻上	52	17.5	2	130	11	1,430
篠部川堤外一	40	10	4	266.6	舟取堅場15	3,200

さらに、「出張員滞在中取締ノ件」には幕府から出張してきている役人に対し、宿泊中の賄いはあり合わせの一汁一菜として御用向きにことよせ酒宴のようなことはいっさいせず、金品を贈るようなことはしないと書かれており、これまでとは違い、無駄な出費を抑えることが行われていたようです。

普請中には、下流淀川流域村々の惣代が見分にきました。下流に洪水の原因を生ずるような工事がされないように監視するためです。天保2年4月28日には、摂州島上郡唐嶋村の庄屋周助・河州茨田郡地田下村の庄屋五郎兵衛ほか同州若江郡菱口村・摂州東成郡東今郷村・同州西成郡大道村の庄屋らが江州湖辺197カ組合自普請工事を見分しました。

また3月23日には、幕府役人に対し「先月27日より川浚えに取りかかったが、春以来の降雨続きで水量が増している。工事がうまく進むよう神仏への祈願をお願いしてほしい」と湖辺197カ村惣代願人の太郎兵衛、宗右衛門、清兵衛、外郡々惣代らから差し出しています。

このときの大浚渫の施行場所は、上は大江川地先から下は関ノ津までに及び、川浚えによって浚えあげた土砂は、川岸に積みあげられました。天保2年5月、ようやく川浚え工事は初期の目的を達成しました。

工事費以外の諸経費負担をどうするか

ところが、ここにきて大きな問題が出てきました。「出願人ノ要セシ諸経費モ合テ工費ト共ニ徴収ノ件」、それは工事費が予想外にかさんでいたことでした。工事費については、3カ年間の年賦で払うというもので、湖辺200カ村が作付け反別によって負担することに話がつきました。しかし太郎兵衛をはじめ郡惣代たちが、工事推進のため多年にわたり度々江戸や京都、大津へ嘆願に出かけた費用や、役人の瀬田川見分の諸費等が多額を要し、4147両（2億735万円）にもなっており、しかも大津や大坂の両替商から高利で借りていることでした。

これは前述の竣工届にある雑費以外の惣代たちの立替費用でした。因みに知内村庄屋中川市郎右衛門243両余（新保区有文書）、津里村惣代清兵衛220両余・八木浜村惣代宗右衛門170両余・川道村惣代清蔵171両余（小島家記録）の立替金があったといいます。また「勢田川浚古絵図」や川浚えに関する文書を遺している浅井郡安養寺村庄屋蓮井坂右衛門も費用立替をしていたようです。

3代にわたり発起人代表を務めた藤本家の立替といえば、如何ばかりだったでしょうか。

工事が始まるまでは、その費用も湖辺200カ村に割り当てるという惣代たちの思いであったのが、工事が終わり工事費と同様に割り当てようとしたところ、村々の庄屋たちが反発しました。

そのため惣代たちは湖辺村々へ出向き、割り当てを頼みに廻りました。ところが多額の借財の返納が滞り、工事の残務は民の協議ではまとまらず、公の威を借りて徴収を願い出ることを考え、農民たちの自普請浚費用は大津の役所石原代官所が3カ年賦で取り立てるので合わせて諸経費も共に徴収してほしいと願い出ました。

しかしながら、合わせての取り立ては後回しにすると、受け入れられませんでした。水害の恐怖と引き換えに、湖辺の人々に重い経済的負担が残り、一方工事の残務は数年に及び惣代らは負債を背負い苦しんだといいます。

豪農を誇った藤本家が、多くの財産を失ったのはこの頃でした。他の庄屋も多くを語るに及ばないことでした。

淀川筋の御救大浚えと瀬田川浚えの相違点

振り返れば、天明2年（1782）、初代太郎兵衛（直重）が、大津顕証寺における湖辺各郡惣代集会において、瀬田川浚え自普請の発起人代表に選ばれてから、天保2年（1831）の工事竣工に至るまで、満50年の歳月を要しました。その間、藤本家が3代にわたり治水に命を燃やし湖辺の村々を救おうと血のにじむような苦労と努力で奔走したことはまことに奇特なことです。

それと共に、宿願達成に協力した深溝村の年寄清次郎、浅井郡津里村の庄屋清兵衛、同郡八木浜村の庄屋宗右衛門、同郡川道村の清蔵をはじめ、多くの同志の人々の陰の功労をも忘れてはならないでしょう。

今回の天保の大浚えについて、筆者はまえがきの顕彰碑のときに

「天保の御救大浚え」と記しましたが、実はどうだったのでしょうか。今回の大浚えは下流沿岸の村々の事も鑑み、淀川から瀬田川まで一斉の大浚えとして、幕府が許可したものでした。

しかし、畿内において国役指定河川となっている淀川、神崎川、中津川については周辺地域から国役銀を徴収する「国役普請」として、主に堤防補強が行われたのです。これらの河川については堤奉行が見分し、ほぼ毎年普請が行われていたといいます。また大坂市中の川浚えについては幕府による手持ち金では足りないとのことで冥加金を求めたところ、豪商36件を始め町人等から銀２３５７貫余（約19億６４１６万円）が集まり、一大イベントの様相で約11万人の人足が出仕したといいます。そしてこれが「天保の御救大浚え」と言われているのです。

瀬田川は淀川の上流でありながら、国役指定河川になっておらず、同時期に川浚えをしたというのに、瀬田川は農民たちが借金をして行った自普請、下流は幕府による国役普請、そして地元町民からの多額の冥加金というこの天と地の違いに憤りを覚えざるを得ません。

裏に潜んでいた幕府による新田開発

さらに調べていくと、これまで曖昧で積極的な治水を進めなかった幕府が文政年間末に変化が起こったのは、川浚えによる新田開発が目的であったからです。文政10年、清勝は掛りの役人に、今回川浚えをした場合の新田地の見積を御内分の沙汰として提出しています。恐らくこれは役所から見積りをするように言われたのでしょう。つまり文政10年の勘定方見分の際、淀川べりの各村々で反対があったにもかかわらず、天保元年に再見分をして、天保2年の自普請を承諾したのは、幕府が続いて新田開発につなぐためだったのでしょう。

そのため、翌天保3年9月には「瀬田川手直し浚え」として、人夫11万8000人、銀131貫余（1億916万円）が大久保今助（後に子貞之助）を請負人として行われたのです。これにより、天保5年、近江には確認できるだけで36カ所の大久保新田が生まれました。そしてこれが後の天保一揆の一因ともなったのです。民による切実なる願いを利用して、官による勝手な施策が行われていたこと、そして奔走した惣代達に多くの借金がのしかかったという事を忘れてはなりません。

第五章

郷土の先人　藤本太郎兵衛の顕彰

明治の治水工事

このようにして、川浚えをして水害をなくすという願いが叶ったのは、明治に入ってからでした。

明治29年・30年に日本初の河川法(旧河川法)・森林法・砂防法の「治水三法」と呼ばれる法体系が整備されました。9月には滋賀県下記録的な大洪水(湖面常水プラス3・76メートル)。古老の語り伝えによると、深溝の表街道は村内に向かってなだらかな勾配があり、土は黒く湿り、土地が低いせいかガマやアシが家の周りの空き地を襲い、長雨のため増水した湖の水が逆流し、雨が止んでもその後七日は家の庇近くまで浸水したという話は、集落の玄関口に立つ明治29年9月の大洪水跡の石柱が実感として迫ってきます。近隣の「森村記録」によると、「8月30日から暴風雨、9月7日、車軸を流す雨、稲の

深溝区に建つ看板と明治29年の水害を示す石柱
ほぼ大人の背丈、上の線まで浸水した

穂先も見えず湖水化し、古今未曽有……」と雷を伴ったようです。また、明治初年に建立された深溝の東寺も流失の危機に遭い、束柱が流されないよう村人が持ち寄った材木が今も本堂を支えています。

その後、上下流一貫した大規模な淀川改修工事が実施され、その工事の一環として、瀬田川の抜本的な浚渫と供御瀬に変わる人工的な堰である南郷洗堰（旧洗堰）の新設工事と大日山の掘削が、明治33年～41年にかけて行われ、琵琶湖の水位を調節してきました。

そして昭和36年には現在の瀬田川洗堰（新洗堰）が完成し、琵琶湖の水位調節能力などをはるかに向上させ、琵琶湖と淀川流域の洪水を防ぎ、また渇水から人々の生活を守っています。さらに琵琶湖総合開発事業として昭和45年から平成9年の25年間にわたり進められてきた大事業は終了しました。これは、琵琶湖のある滋賀県と淀川流域（京阪神）との上下流域の対立から妥協へと発展した大事業でした。琵琶湖の水は近畿1450万人の命の水として、今日も変わる

瀬田川洗堰

ことなく私たちを見つめています。

藤本太郎兵衛の顕彰

平成6年3月21日春分の日、琵琶湖治水に大きな業績を残した藤本太郎兵衛のブロンズ像が、琵琶湖を一望できる深溝の湖畔、夕暮原浜公園（風車村前）に建てられました。完成した像の高さは2・15メートル、台座を入れれば3メートル余りの巨大な像です。台座に「頌（しょう）」と、稲葉稔県知事の揮毫による「治水の先覚者」の銘板がはめこまれています。

頌

瀬田川さらえの 計画絵図を手に 凛と立つ 深溝村庄屋 太郎兵衛
琵琶湖開発の進むいま 江戸後期 治水事業に命をかけた 親子三代
の偉業を ここに顕彰する

平成6年（1994）3月吉辰　　藤本太郎兵衛顕彰会

太郎兵衛さんは、湖風（はまかぜ）を受け、袖なしの半纏に絞り袴を身につけ、左手には勢多川普請絵図面を握りしめています。夕陽の名所といわれる湖畔に精悍な表情でたたずむ姿は、治水に生涯を捧げた志をしのばせると共に、琵琶湖を背にはるかに瀬田川を想い、今もなお行われる琵琶湖治水の重要性を我々に訴えかけています。

『新旭町誌』の編纂当時、埋もれた先覚者を顕彰し、とりわけ次代を継ぐ若者への教化の刺激となればと話し合いがもたれました。時節到来というのでしょう。太郎兵衛三代の功績は『琵琶湖治水沿革誌』『滋賀県史』『新旭町誌』といった史誌、あるいは『琵琶湖に命かけて』等の小説にも取り上げられ、郷土開発の大恩人として高い評価を与えられてきました。

平成4年、バイパス水路や排水ポンプの設置など、琵琶湖開発事

夕暮原浜公園に建つ太郎兵衛像

業が行われる中、時あたかも昭和・平成の瀬田川大浚渫が進む好機に、湖岸堤が琵琶湖畔沿いに築かれ、内水排除によって水害から開放された今、ついこの前まで増水による被害に悩まされて苦しみを体験してきた古老が少なくなるなか、先人の苦労を伝えなければ忘れ去られてしまう。そんな危機感が顕彰気運につながり藤本太郎兵衛を住民の誇りとして、永く顕彰するための記念事業として平成4年1月に立ち上げられました。

筆者は発起人の1人として、資料収集や研修・広報活動を担当することになりました。この事業では、深溝区が町づくり事業として、滋賀県の「創意と工夫の郷づくり」により町内外・県外から寄せられた多くの御厚志により、明治期からの「琵琶湖治水会」等の悲願であった太郎兵衛像建立の運びとなりました。製作は新旭町の日本彫刻会会友の川原林たま氏にお願いされました。その後、顕彰会の中核は深溝区から新旭町に格上げされました。

山科竹谷アトリエへ太郎兵衛像製作状況見学会
前列左より２人目が製作者。２列目右端が筆者

筆者は引き続き顕彰会の活動に関わり、太郎兵衛さんの業績や生き方を多くの人に伝えることをライフワークとし、また『新旭の人物ものがたり—新旭町ふるさと学習副読本』にも取り上げられました。その後平成12年には瀬田川工事100周年記念事業として、水のめぐみ館アクア琵琶の製作によりビデオ「瀬田川の川ざらえ」が完成、県下の小中学校の学習用資料として活用されています。また地元の中学校において「道徳特別講座　ふるさとの先人に学ぶ」学習に携わることになり、郷土愛をテーマに、総合学習では地域の歴史や昔の大洪水をたどり災害への備えについての学習をおこなっています。

平成23年には、市民劇「琵琶湖治水の物語」として上演され、地元商店では太郎兵衛饅頭を売り出しています。静かな田舎まちに一歩足を踏み入れれば命の水・災害の水・水湧く小川は、現在地域住民によって河川清掃や鯉の放流などでふるさとの清流を蘇らせ、多くの文化財とともに探訪者を暖かく迎えています。

あとがき

小菊など庭の花もち
　訪う太郎兵衛の
　　墓に秋陽の
　　　照りてまぶしき

琵琶湖周辺には、多くの洪水の痕跡や、洪水被害に悩まされてきた人々の歴史があります。洪水から人々を救うため、水を治めようと戦ってきた太郎兵衛さんらの残した古記録がそれを物語っています。深溝村の太郎兵衛三代の名は、顕彰碑を建立したことによって、湖国の人々に知ってもらう契機となりました。

ところが琵琶湖総合開発事業の完了に伴い、昨今浸水被害で困った先人の苦労を忘れかけているようにも思えます。昨年の西日本豪雨、また今年の台風19号等による東日本での河川の氾濫と大きな被害が続いており、温暖化の影響によりこの気象災害が顕著になるのは間違いないと言われています。そんな中、太郎兵衛さんについての著述は、この高島の地の風土や歴史に後押しされて、進めてこられた感があります。また深溝に御縁を頂き、これだけ深く関われたのだと思います。

太郎兵衛さんらの郷土を愛し社会に尽くした業績を、しっかりと次代に伝えていくことは、私たちの責務でもあります。湖岸堤から雄大で美しい琵琶湖を眺めていると、太郎兵衛さんらはるか昔の先人たちは、今の世を想像したでしょうか。どんな思いを馳せていることでしょう。

末尾ながら本書の刊行にあたり、お世話になったサンライズ出版の皆様をはじめ、編集については特にご尽力いただいた専務の岩根治美様に、ここに改めて厚く御礼申し上げます。

令和元年（2019）秋

石田弘子

江戸時代の水害、川浚え出願と普請年表

和暦	西暦	事柄
寛文6	1666	諸国山川の掟、定められる
寛文10	1670	幕府による瀬田川浚え
寛文12	1672	幕府は瀬田川普請について予備調査行う
天和3	1683	河村瑞賢に治水対策を委任
貞享1	1684	淀川治水工事着工
貞享2	1685	この頃瀬田川筋土砂留奉行設置
貞享3	1686	幕府瀬田川筋土砂留工事施工
元禄3	1690	瀬田川でのシジミ捕り免税となる
元禄12	1699	瑞賢による瀬田川浚え
宝永5	1708	6月安曇川大堤127間決壊、湖水6尺余増水
正徳4	1714	7月大風洪水、安曇川堤切れ200間余、2~3尺増水
享保6	1721	閏7月湖水1日1夜にして3尺余り満
享保7	1722	高島郡で普請嘆願
享保8	1723	高島郡で普請嘆願
享保18	1733	高島・栗太・浅井3郡での嘆願、不許可
享保19	1734	瀬田川半浚自普請350貫目、願い出る　不許可
享保20	1735	4月湖辺総代より願出、村々の連判必要と却下。 11月箱訴
享保21	1736	1月巡見使、視察
元文1	1736	大洪水により分部氏御門番役免除。66カ村で瀬田川浚自普請願い
元文2	1737	元文の瀬田川半浚え
元文3	1738	5~6月深溝床上浸水
元文5	1740	7月大雨洪水、安曇川堤切
延享1	1744	瀬田川以北の土砂留普請。以後住民負担9割

延享2	1745	瀬田川以北の土砂留普請
延享4	1747	高島郡7月25日から大雨、27日夜半堤124間切れ
寛延3	1750	湖辺の村々川浚え出願するも下流村々の反対により不許可
宝暦6	1756	9月16日(現暦10月9日)「大風雨にて17日4ッ時(午前か午後10時)堤切65間」
宝暦8	1758	湖水大込年也 御免状116石2斗。瀬田川以北の土砂留普請
明和2	1765	湖水大込
明和3	1766	瀬田川以北の土砂留普請
明和5	1768	5月26日から大雨、27日7ッ時新庄堤切
明和6	1769	彦根領分水場村惣代他1名、シジミ取共川浚えを出願するが、下流村々の反対により不許可
明和7	1770	百日余も大旱魃・安曇川渇水
明和8	1771	5月から8月(6月~9月) 「大旱魃・安曇川渇水　植付け不能　水争い多数井戸掘る前代未聞の事」
安永1	1772	8月21日(9月17日)「大風ニテ大木損倒ス」
安永2	1773	瀬田川大浚渫によって、湖水を常水より2~3尺下げ、新田5214町余を開墾し4万1700余石の増産をすると願い出るも不許可
天明1	1781	8月9日(9月26日)「田植えより順調であった七ツ時(午後4時ごろ)より大雨、夜四ツ時(午後10時ごろ)新庄堤切延長50間、床上浸水」 直重、川浚出願を決意する
天明2	1782	水込み。8月大津顕証寺で177村の惣代集会開き、自普請出願
天明3	1783	7月暴風雨。追願書提出
天明4	1784	12月26日川浚許可
天明5	1785	天明の瀬田川川浚え第1回目
天明6	1786	天明の瀬田川川浚え第2回目
天明7	1787	二代目太郎兵衛重勝庄屋を継ぐ
寛政1	1789	6月17、18日大洪水 閏6月6日夕大洪水。湖上満水。瀬田川下流川浚え出願

寛政3	1791	直勝湖辺村々の惣代になり、駕籠訴
寛政11	1799	6月自普請出願。見分の役人病気にて中止
寛政12	1800	実地検分の通知あるも、一人が病気にて延期
享和1	1801	関係各領主からも願書提出される
享和2	1802	7月大水害により見分中止。直重死去
享和3	1803	6月検分、目論見書提出
文化1	1804	再度見分あるも、淀川と工事を共に行うとの事で延期。 8月川浚えが下流に被害を及ぼさぬ理由書提出。瀬田川以北の土砂留普請
文化4	1807	4月、紀伊郡連名による口上書受取。重勝死去。 7月奉行所へ願書、8月江戸表へ出頭（代理人）
文化5	1808	再び江戸表へ出頭（代理人）
文化10	1813	幕府、淀川から瀬田川見分
文化11	1814	11月江戸表へ出頭（代理人）
文化14	1817	江戸表へ出願・再願（代理人）
文政7	1824	目論見書が勘定奉行で取り上げられ、内見分あり
文政8	1825	川浚願書提出。彦根藩川浚協力を取りつける
文政9	1826	三代目太郎兵衛清勝願人惣代となる。湖辺村々の同意書提出。借用金は直心庵に決定
文政10	1827	勘定方見分
文政11	1828	淀川筋より反対の書状
文政12	1829	清勝ら淀川筋へ内諾を取りに動く。九条家へ口上書提出
天保1	1830	奉行所へ再願。勘定方再見分
天保2	1831	天保の瀬田川浚え
天保3	1832	大久保今助による新田開発のための瀬田川手直し浚え
明治1	1868	5月大雨。 9月大津県による川浚え

主な参考文献

『大津市史』上巻　大津市役所　1942
『改訂近江国坂田郡誌』第2巻　滋賀県坂田郡教育会編　名著出版　1971
「河内国若江郡御厨村に残る「江州瀬田川洲浚絵図」について」『大阪商業大学商学史博物館紀要』第3号　池田治司　2002
「近世後期における琵琶湖の新田開発―大久保新田を事例に」『経済学論叢』53本村希代　同志社大学経済学会　2002
「江州勢田川附洲浚と淀川筋御救大浚」『大阪商業大学商学史博物館紀要』第5号　池田治司　2004
『湖面の光　湖水の命』高崎哲郎　サンライズ出版　2013
『滋賀縣史』第3巻　滋賀縣　1928
『滋賀県市町村沿革史』第5巻　同編さん委員会　1967
『志賀町史』第2巻　志賀町史編集委員会　志賀町　1999
『新旭町誌』新旭町誌編さん委員会　新旭町　1985
『新修大津市史』4　大津市役所1981
『図説　大津の歴史』上巻　大津市歴史博物館市史編さん室　大津市　1999
『増補高島郡誌』高島郡教育会　饗庭昌威　増補分　1972
『高島町史』高島町役場　1983
『治水の歴史をたずねて』建設省近畿地方建設局琵琶湖工事事務所水質調査課　1985

『日本史のなかの湖国』苗村和正　文理閣　１９９１
『東浅井郡誌』巻参　滋賀県東浅井郡教育会編纂　日本資料刊行会　１９７５
『琵琶湖治水沿革誌』琵琶湖治水会　１９２５
『琵琶湖に命かけて』徳永真一郎　国際情報社　１９８３
『マキノ町誌』マキノ町誌編さん委員会　マキノ町　１９８７
『水のめぐみ館アクア琵琶』展示写真集　（社）近畿建設協会　１９９４
『明治の村絵図』新旭町教育委員会郷土資料室　新旭町　１９８８

写真資料提供協力者（敬称略）

藤本太久夫・藤本美三男・川原林たま・藤本太郎兵衛の子孫の方々・即得寺・真光寺・国土交通省近畿整備局琵琶湖河川事務所・高島市教育委員会文化財課・高島市立高島歴史民俗資料館

■著者略歴

石田 弘子（いしだ・ひろこ）

1945年　滋賀県高島市生まれ

新旭町教育委員会に勤務、『新旭町誌』、『明治の村絵図』（新旭町）、『新旭町五十年のあゆみ』等の編纂に携わる。滋賀県文化財保護指導委員、滋賀県文化振興事業団評議員、高島市文化財保護審議会副会長を歴任、現在深溝饗信社社中（雅楽保存会）。

また、高島市立湖西中学校非常勤講師を務めるなど、郷土の調査研究と太郎兵衛さんの顕彰活動を続けている。

主な共著に『近江を築いた人びと』滋賀県教育委員会 1992、『人づくり風土記　江戸時代25滋賀』農村漁村文化協会 1996、『近江の先覚 第2集・第3集』滋賀県教育会 1997・2006、『湖西湖辺の道』淡海文化を育てる会編　サンライズ出版 1997等

現住所：滋賀県高島市新旭町深溝1456

琵琶湖治水に命をかけた藤本太郎兵衛三代　　淡海（おうみ）文庫64

2019年12月２日　第１刷発行　　N.D.C.216

著　者　石田　弘子

発行者　岩根　順子

発行所　サンライズ出版株式会社
〒522-0004 滋賀県彦根市鳥居本町655-1
電話 0749-22-0627

印刷・製本　サンライズ出版

ISBN978-4-88325-196-4　Printed in Japan　定価はカバーに表示しています。
乱丁・落丁本はお取り替えいたします。

淡海文庫について

「近江」とは大和の都に近い大きな淡水の海という意味の「近（ちかつ）淡海」から転化したもので、その名称は「古事記」にみられます。今、私たちの住むこの土地の文化を語るとき、「近江」でなく、「淡海」の文化を考えようとする機運があります。

これは、まさに滋賀の熱きメッセージを自分の言葉で語りかけようとするものであると思います。

豊かな自然の中での生活、先人たちが築いてきた質の高い伝統や文化を、今の時代に生きるわたしたちの言葉で語り、新しい価値を生み出し、次の世代へ引き継いでいくことを目指し、感動を形に、そして、さらに新たな感動を創りだしていくことを目的として「淡海文庫」の刊行を企画しました。

自然の恵みに感謝し、築き上げられてきた歴史や伝統文化をみつめつつ、今日の湖国を考え、新しい明日の文化を創るための展開が生まれることを願って一冊一冊を丹念に編んでいきたいと思います。

一九九四年四月一日